热带果树高效生产技术丛书

香蕉栽培与病虫害防治

彩色图说

井涛 谢江辉 周登博 ◎主编

U0239532

中国农业出版社

北 京

编委会名单

主　　编：井　涛　谢江辉　周登博
副主编：李　凯　王　尉　臧小平
参编人员（按姓氏笔画排序）：

王　芳　云天艳　毛　佳
尹可锁　冯　斗　刘　萌
孙少龙　苏祖祥　李云锋
李迅东　李敬阳　吴佩聪
何应对　张　欣　张妙宜
陈宇丰　庞振才　赵　明
赵炎坤　胡　芯　胡玉林
胡会刚　段洁利　段雅婕
黄丽娜　谢艺贤　魏守兴

目 录

第一章　香蕉产业概况

香蕉是全球鲜果贸易量和消费量最大的水果，也是非洲、大洋洲、中美洲等部分国家的主要粮食，被联合国粮食及农业组织（FAO）确定为继小麦、玉米、大豆之后，世界第四大贸易粮食作物。中国是世界上栽培香蕉的古老国家之一，有2 500多年的栽培历史，中国香蕉主要分布在广东、广西、福建、台湾、云南和海南，贵州、四川、重庆也有少量栽培。香蕉产业是我国热带农业中效益较好的产业之一，是当前促进热带地区乡村振兴、增加农民收入的有效途径。自2013年"一带一路"倡议提出以来，香蕉产业作为"一带一路"优势先导产业，在走向东南亚过程中发挥了重要作用，目前中国企业在老挝、缅甸、柬埔寨等东南亚国家建立香蕉生产基地面积100余万亩[*]。

一、全球香蕉生产与贸易概况

（一）全球香蕉收获面积

世界上栽培香蕉的国家约有135个，主要分布在南北回归线之间的亚洲、拉丁美洲和非洲的发展中国家。FAO统计数据显示，近20年来，世界香蕉产业整体发展平稳，收获面积从2000年的454.93万公顷增长到2019年的515.86万公顷，增长了60.93万公顷，涨幅为13.39%，年均增长0.66%，具体变化趋势如图1-1。2019年，亚洲、非洲、美洲、大洋洲和欧州的香蕉收获面积分别为194.14万公顷、188.01万公顷、121.49万公顷、10.42万公顷、1.80万公顷，占世界总收获面积的比例分别为37.63%、36.45%、23.55%、2.02%和0.16%。2019年，世界香蕉收获面积前10的国家分别为印度（86.60万公顷）、巴西（46.18万公顷）、中国

---

［*］　亩为非法定计量单位，1亩=1/15公顷。——编者注

（34.40万公顷）、坦桑尼亚（30.28万公顷）、卢旺达（25.4万公顷）、刚果共和国（21.48万公顷）、菲律宾（18.59万公顷）、厄瓜多尔（18.33万公顷）、安哥拉（16.22万公顷）、布隆迪（15.24万公顷）（图1-2），排名前10位的国家香蕉收获面积总和占世界香蕉收获总面积的60.62%。

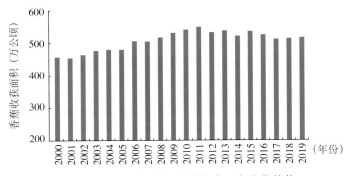

图1-1　2000—2019年世界香蕉收获面积变化趋势

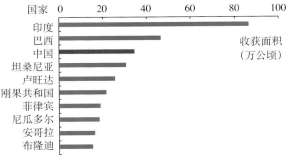

图1-2　2019年世界排名前10位的国家香蕉收获面积

（二）全球香蕉产量

FAO统计数据显示，世界香蕉产量从2000年的6 721.01万吨增长到2019年的11 678.17万吨，增长了73.76%，年均增长达2.95%，如图1-3所示。2019年，亚洲、美洲、非洲、大洋洲和欧洲的香蕉总产量分别为6 314.17万吨、2 973.87万吨、2 148.19万吨、178.11万吨、63.83万吨，分别占世界香蕉总产量的54.1%、25.5%、18.4%、1.5%、0.5%。2019年，世界前10大香蕉生产国分别为印度（3 046.00万吨）、中国（1 165.57万吨）、印度尼西亚（728.07万吨）、巴西（681.27万吨）、厄瓜多尔（658.35万吨）、菲律宾（604.96万吨）、危地马拉（434.16万吨）、安哥拉（403.70万吨）、坦桑尼亚（340.69万吨）、哥伦比亚（291.44万吨），前10位国家产量总和占世界香蕉总产量的71.54%，如图1-4所示。

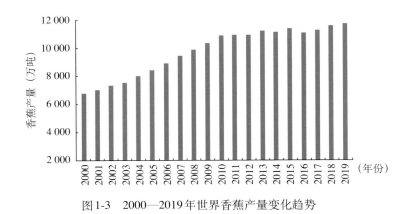

图1-3　2000—2019年世界香蕉产量变化趋势

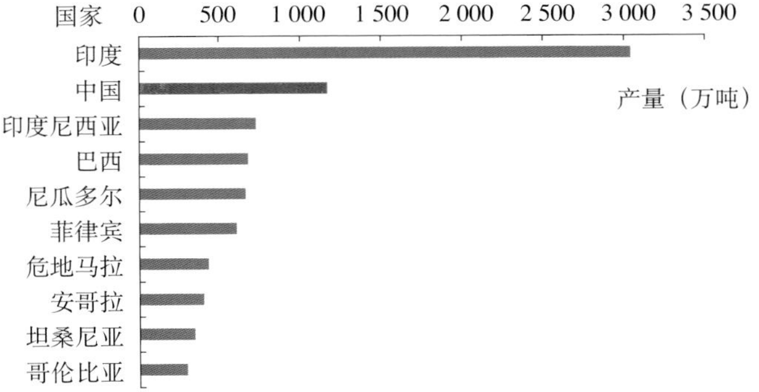

图1-4　2019年世界排名前10位的国家香蕉产量

（三）全球香蕉贸易情况

根据联合国贸易统计数据库（UN comtrade）显示，2019年世界香蕉总贸易量达4 709.46万吨，进出口贸易额达286.4亿美元。

1.香蕉出口量　世界香蕉出口量从2010年的1 793.1万吨增长到2019年的2 464.6万吨，这10年中世界香蕉出口量增加了671.5万吨，年平均增长率为3.60%，总体保持上升趋势。世界香蕉出口额从2010年81.78亿美元增加到2019的132.52亿美元，10年中世界香蕉出口额增加了68.26亿美元，年均增长率为5.51%。2019年，世界香蕉出口排名前10位的国家的出口量和出口额总和分别占世界的83.72%和79.19%，排名前10位的香蕉出口国的出口量如图1-5。2019年厄瓜多尔香蕉出口量为688.11万吨，占世界香蕉总出口量的27.92%。

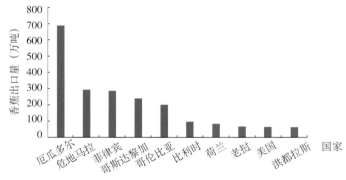

图1-5　2019年世界排名前10位的国家香蕉出口量

2.香蕉进口量　世界香蕉进口量从2010年的1 890.51万吨增长到2019年的2 244.86万吨，这10年中世界香蕉进口量增加了354.35万吨，年平均增长率为1.93%。世界香蕉进口额从2010年的123.58亿美元增加到2019年的153.88亿美元，增加了30.3亿美元，年平均增长率为2.47%。2019年，世界香蕉进口排名前10位的国家的进口量和进口额分别占世界的69.16%和69.79%，排名前10位的香蕉进口国的进口量如图1-6所示。

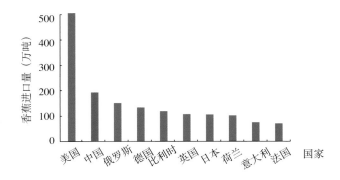

图1-6　2019年世界排名前10位的国家香蕉进口量

二、中国香蕉生产与贸易概况

（一）中国香蕉种植面积

我国香蕉种植主要分布在广东、广西、海南、云南、福建五个省（自治区），重庆、四川、贵州、西藏和台湾也有少量种植。据《中国农业统计资料》和农业农村部南亚热带作物中心数据显示，除台湾以外，2000年我国香蕉种植面积为24.93万公顷，随着农业产业结构不断调整，我国香蕉种植面积不断扩大，到2019年全国香蕉种植面积达到33.40万公顷，年均增长率为1.49%，具体变化趋势如图1-7。2019年，广东、广西、云南、海南和福建香蕉种植面积分别为11.13万公顷、7.85万公顷、8.45万公顷、3.33万公顷和1.16万公顷，目前已形成四大香蕉优势产区，分别是滇南－滇西南优势区、桂南－桂西南－粤西优势区、海南－雷州半岛优势区和珠三角－粤东－闽南优势区。

（二）中国香蕉产量

据《中国农业统计资料》和农业农村部南亚热带作物中心数据显示，除台湾外，2019年全国香蕉产量为1 165.6万吨，其中广东464.8万吨、广西311.0万吨、云南211.4万吨、海南121.8万吨、福建44.8万吨。2000—2019年中国香蕉产量变化趋势如图1-8。

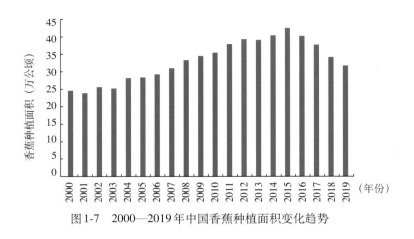

图1-7　2000—2019年中国香蕉种植面积变化趋势

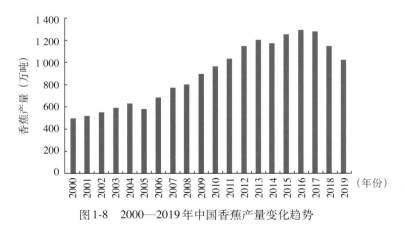

图1-8　2000—2019年中国香蕉产量变化趋势

　　根据国家香蕉产业技术体系经济岗位和综合试验站抽样调查，2020年香蕉种植面积、收获面积和产量分别达31万公顷、27万公顷、990万吨，相比2019年分别下降6.2%、14.4%、15.1%，受枯萎病、疫情和市场行情等因素影响，收获面积和产量下降幅度较大。

（三）中国香蕉贸易

1.出口 中国香蕉出口量从2011年的1.02万吨上升到2020年的1.98万吨，总体呈上升趋势，上升幅度为94.12%，但总量较小；贸易值从696.77万美元上升到1 593.9万美元。

2.进口 中国香蕉进口主要是两个途径：海关和边贸。

海关进口香蕉情况。 中国香蕉海关进口量从2011年的81.87万吨上升到2020年174.69万吨，年平均增长率为8.79%（图1-9）；进口额从4.02亿美元上升到9.33亿美元，年平均增长率9.81%。受新冠疫情影响，香蕉进出口贸易量均减少。2020年中国香蕉一般贸易进口量同比减少10%，为174.7万吨，主要从菲律宾、厄瓜多尔、越南和柬埔寨进口，分别进口79.55万吨、32.96万吨、28.25万吨和24.12万吨。其中从柬埔寨进口香蕉数量增长迅速，2019年从柬埔寨进口1.75万吨，2020年增加到24.12万吨。

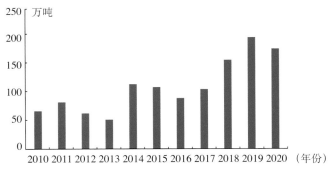

图1-9 2010—2020年中国香蕉海关进口量变化趋势

边境贸易进口。 边境贸易从老挝、缅甸、泰国和越南进口，主要从老挝和缅甸进口，疫情对边贸进口影响较大，综合估计2020年边贸进口香蕉约为140万吨，同比减少28.2%。2014—2019年从老挝、缅甸、越南等国进口的香蕉数量约占海关进口和边贸进口总和的59%～65%，每年平均约180万吨（表1-1）。

近些年，香蕉进口贸易量增长迅速，对外依存度提高。根据农业农村部南亚热带作物中心统计数据、海关统计数据及国家香蕉产业技术体系经济岗位监测数据，2019年国内香蕉产量为1 165.6万吨、海关进口香蕉194.1万吨、边贸进口195万吨、出口2.33万吨，边贸进口量占进口香蕉总量的50%左右。进口香蕉占国内香蕉消费总量的25.1%，而2009年对外依存度仅为5.3%。

表1-1 2014—2019年中国边贸香蕉进口量

边贸进口来源国	进口量（万吨）					
	2014年	2015年	2016年	2017年	2018年	2019年
老挝	125	150	140	87	75	75
缅甸	25	25	20	75	100	100
越南	10	15	10	10	10	10
泰国	10	10	10	10	10	10
总计	170	200	180	182	195	195
占海关和边贸总进口比率（%）	60.3	65.1	62.7	63.7	58.8	50

三、中国香蕉产业发展历程

回顾我国香蕉产业从无到有，从有到优的发展历程可将中国香蕉产业发展分为4个阶段。

（一）零星种植阶段（1949—1979年）

中华人民共和国成立初期至1979年以前，中国香蕉多为小面积零星种植，缺乏必要的栽培技术，发展速度缓慢，几乎没有规模化栽培，国家也没有将其纳入计划管理，属于自由购销商品。截至1978年，全国香蕉种植面积仅为1.46万公顷，总产量只有

8.5万吨。科技文献检索结果获悉，第一部关于香蕉栽培的书籍是1960年福建林日荣撰写的《香蕉及其栽培》，但无相关科学研究报道，没有专业的研究团队和研究机构，多数处于庭院和粗放栽培阶段。栽种品种多为地方的农家种，有东莞高（中）把、台湾高（中）把、越南河口蕉、海南牛角蕉及福建天宝蕉等。

（二）发展起步阶段（1980—1999年）

随着农村开始实施土地家庭承包责任制改革，特别是1986年党中央、国务院做出大规模开发热带作物资源的决定，香蕉等热带水果产业快速发展。截止到1999年全国香蕉种植面积为20.69万公顷。此时，优良品种的引种试种和繁育成为香蕉研究的主要任务。20世纪末由中国热带农业科学院、中国科学院华南植物研究所等科研单位先后引进一些优良品种。具有代表性的有：1985年曾碧露从澳大利亚引进Williams（威廉斯）品种；1987年广东省湛江农业生物技术研究中心从澳大利亚引进巴西蕉；李宝荣在1989年分别引进原产于洪都拉斯的Grand Naine（大奈因）和南美洲的巴西蕉等品种。其中威廉斯和巴西蕉逐步成为我国香蕉的主栽品种。同时，香蕉组培苗生产与工厂化育苗技术的研究快速推进，组培健康种苗开始推广应用。为规范香蕉生产，国家制定了第一项产品标准《香蕉》（GB/T 9827—1988），该标准规定了香蕉收购的等级规格、质量指标、检验规则、方法及包装等要求。这一阶段，种植品种逐渐由传统地方品种转变到引进优良品种，种苗生产由使用吸芽苗转变到使用组培苗，种植面积由零星种植到规模化栽培，进而形成优势生产区域，实现了香蕉产业发展的第一次飞跃，但单产水平仍低于世界平均水平。此时，我国香蕉研究开始起步，主要是引进、消化国外先进技术与品种。

（三）快速发展阶段（2000—2008年）

香蕉产业继续高速发展，栽培面积由1999年的20.69万公顷增加到2008年的33.69万公顷。该阶段香蕉研究主要任务由良种引进选育转向良种良法的配套栽培管理、营养施肥技术、保鲜和包装等技术的研发。国家和地方各级政府相继加大了对香蕉科技研究经费的投入，2003年农业部将香蕉产业化发展列为重要议事日程，香蕉"采后商品化处理技术"的引进与应用和2006年国家农业公益性行业科技专项"香蕉标准化种植技术研究"等先后立项实施，进而推动研发队伍力量逐步成长壮大，香蕉产前、产中、产后的研究取得全面进展，香蕉生产水平逐步达到1.4吨/亩世界香蕉平均水平（图1-10）。中国香蕉研究在原有的引进、消化的基础上开始集成创新和自主创新，创新能力与水平由跟跑逐步转向并跑。

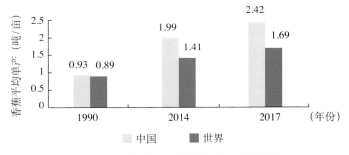

图1-10　中国与世界香蕉平均单产水平比较

（四）调整优化阶段（2009年至今）

香蕉产业经过上一轮的快速发展于2015年达到顶峰，生产面积约为43.1万公顷，但由于发展过快，品种单一、生产区域过于集中，生产成本持续上升，再加之香蕉枯萎病暴发，使得国内香蕉产业效益下降，种植面积开始回落，产业进入了调整期。国家香蕉产业技术体系向相关部门提出了"稳面积，调结构，控病害，降成本，提质量，走出去"的产业发展策略。经过一段时间的优化调整，目前，香蕉枯萎病逐步得到控制，粉蕉等特色蕉的面积持续上升，香牙蕉比例下降至80%左右，国内栽培面积保持在30万～35万公顷，在老挝等境外建立6万～8万公顷的生产基地，市场供需基本平衡，产业效益逐步回升。此阶段，2008年农业部、财政部启动建设国家现代农业产业技术体系，2009年国家香蕉产业技术体系正式运行，围绕产业链，组建了从资源育种到采后加工全学科链共100多人技术研发团队、实现了稳定的经费支持。我国香蕉创新能力和产业发展水平突飞猛进，平均单产水平是世界平均水平的140%以上，部分研究处于国际领先水平，由并跑开始向领跑跨越转变。

四、香蕉产业发展趋势及策略

（一）香蕉产业发展趋势

1.**体系研发的抗枯萎病品种推广力度进一步加大** 为应对枯萎病，国家香蕉产业技术体系和产业界先后培育出南天黄、宝岛蕉、中蕉系列、中热系列和桂蕉2号等抗枯萎病品种，同时在各产地进行推广种植。2019年，抗病品种种植比例为8%，2020年达12%，如广西2020年新增宝岛蕉3万亩，而随着体系对抗病品种的配套栽培管理技术、采收催熟技术和保鲜技术等研发的成熟和完善，未来抗病品种的种植面积还会进一步提高。

2.**特色蕉面积增加，进一步优化品种结构** 特色蕉是相对于传统香牙蕉而言的，主要有粉蕉、贡蕉（皇帝蕉）、大蕉等。相对于香蕉行情而言，特色蕉价格稳定且较高。2020年，香牙蕉种植面积约82%、粉蕉约15%、贡蕉2%、大蕉1%。根据香蕉产业技术体系产业经济岗位监测数据显示，最近2～3年，广东、广西粉蕉产地价格在4.0～7.5元/千克，云南粉蕉在2.5～6.0元/千克，每千克平均价格比香蕉高1.5～3.0元。粉蕉品种包括广粉1号、金粉1号、粉杂1号、矮粉1号等。目前，种植较多的粉蕉品种是广粉1号与金粉1号。据不完全统计，当前广西粉蕉种植面积25万亩、广东25万亩、贵州10万亩、海南5万亩、云南4万亩。广东、广西、福建和港澳地区是粉蕉主要消费区域，随着物流和保鲜技术的成熟，能满足更多消费者对粉蕉的需求。近年来，国家香蕉产业技术体系在粉蕉常温保鲜技术研发方面取得突破性进展：该项保鲜技术能够延长粉蕉保鲜时间2～3倍，为促进特色蕉商品流通和改变我国香蕉市场品种单一的现状提供了技术支撑，该项技术在广西玉林粉蕉企业丰浩公司批量试验取得成功，获得好评，在技术上解决了粉蕉难保鲜贮运的产业难题。

3.线上销售占比逐渐提高、销售模式多元化 "互联网＋"和新型零售等现代商业模式的兴起，各类电商交易平台以及线下果品便利店发展迅速，不仅极大地促进了果农与市场之间的互联互通，而且充分调动了果农、企业和社会各方面的积极性，催生"互联网＋果业"的新型香蕉产业经营业态。在互联网和大数据技术迅速发展的背景下，农产品出现了多种营销模式，除传统的流动摊贩、农贸市场和超市销售外，还出现了多种网络营销模式，香蕉的零售模式有香蕉＋微商、香蕉＋电商、香蕉＋网红直播＋电商平台、香蕉＋众筹、香蕉＋社群和香蕉＋直销店等，这些模式的发展都促进了香蕉消费，提高了香蕉消费需求。新的销售模式不断涌现，消费市场成为加速香蕉产业转型的钥匙，整个水果行业启动了一场由产业链末端开始的自下而上的变革。商业模式的变革推动水果品牌化、标准化程度的提高，如百果园大数据平台、永辉产地直采、京东、苏宁等，在上游制定自己的果品标准。

成立于2020年2月的云南山主农业有限公司河口分公司集香蕉经纪人、批发商和零售商为一体，通过"直播＋电商"模式销售香蕉，拥有全国社区网店、淘宝、天猫、拼多多等多个店铺和果蔬品牌"天蕉云果"，这种销售模式大大减少中间环节，提高流通效率。"天蕉云果"跻身2020年十大香蕉品牌排行榜。

4.香蕉种植专业化、规模化、标准化程度提高 受土地价格、人工成本、化肥农药等成本上涨因素和产品定价、销售渠道的局限性，以及病虫害尤其是枯萎病的影响，小规模散户种植香蕉的风险越来越大。为了规避风险和有效参与市场竞争，小规模散户会自觉地参与或实行合作化、产业化经营，使香蕉种植日益呈现专业化、规模化、标准化的发展趋势。

　　未标准化的农产品往往存在品质参差不齐的问题，大小、色泽不一、甚至出现损伤。如果农产品的口感、品质不稳定，很难留住消费者。在欧美和日本等发达国家，农业是以高度的标准化为基础生产的。目前我国的香蕉经销商，更多以定向采购的方式与基地合作，从筛选分级的标准化起步，如佳农集团。农产品的标准化是数字化的必然结果，也是品牌农产品的根本保证。

　　广西金穗农业集团致力于香蕉产业多年，构建"服务平台＋家庭农场"模式，推出一套成熟的"产前、产中、产后"服务体系，为家庭农场主们解决生产技术、农资配送以及市场销售等难题，并解决水、路、电等基础配套设施，形成大基地＋小农场的格局，将各个农场之间相互连接，抱团壮大发展，塑造品牌。在这种模式下，家庭农场主们只需要打理好果园，其他事务交给平台。海南近年来形成一种职业经理人模式，通过成立蕉园的专业化技术管理团队，面向海南省的香蕉企业、种植大户与合作社提供全程的技术、管理和销售服务。服务内容覆盖了香蕉枯萎病防控、金融服务、水肥管理、综合植保、果实养护、采收包装和物流销售的全产业链的技术与经营管理。蕉园专业技术和经营管理的社会化服务，解决了一家一户办不了、办不好、办了也不合算的难题，开创了香蕉高品质生产和规模化经营的新模式，实现了香蕉枯萎病的大面积有效防控，以及香蕉标准化技术的无缝推广，是新型经营主体和新型经营模式的有益探索。

（二）香蕉产业发展策略

　　1. 加大对香蕉种苗繁育的监管　为满足香蕉生产需要，有少部分二级苗圃建在疫区内，种苗质量安全监管体系的不健全会导致二级苗圃选址不规范、违规育苗、品种混杂、质量不稳定、带病劣质种苗流入市场加剧香蕉病虫害的蔓延。相关主管部门要采取多种方式定期对香蕉种苗生产组织进行宣传教育与技术培训，使其充分认识生产安全种苗、进行种苗抽检的重要性。从源头上控制病害传播，减少香蕉种植户损失，降低投资风险，稳定香蕉种植面积和产量，促进香蕉产业稳定可持续发展。

行业主管部门对一级苗（香蕉组培苗公司）和二级苗圃进行整合，调查各级种苗生产基地尤其是二级苗基地的生产能力，根据国家对种苗圃的检验检疫制度，建立种苗安全生产送检程序，对出售前的种苗进行严格抽检，根据检疫合格证进行销售，保证香蕉种苗生产和销售的安全性。组织对香蕉大棚苗繁育基地进行全面、深入的摸底调查，排除隐患。同时，结合农业农村部组织开展的植物检疫联合执法行动，加大香蕉种苗的产地检疫和调运检疫监管力度。目前虽然有多个抗病品种，但枯萎病发生率却在上升，很大原因在于二级苗市场的不健全，二级苗培育或假植过程往往是枯萎病染病和病菌扩散的过程，培育无毒二级苗重点做好不在疫区繁育种苗、不用土壤做基质、育苗基地严格消毒灭菌三个技术措施。

2. 全面推广应用安全高效的生产技术　全面推行香蕉标准化生产技术。中国香蕉产业朝高产、优质、安全的方向发展是不可逆的趋势，这不仅要求产业规模化发展，更需要标准化生产。随着人们对农产品的高品质需求，农产品往绿色食品方向发展已是大势所趋。

全面推广使用香蕉水肥一体化滴灌技术。香蕉肥料需求量大，采用常规施肥方式会增加肥料用量和施肥次数，很大一部分香蕉种植户尤其是小规模种植户在肥料等农业生产资料投入方面习惯凭经验操作，没有完整的标准化施肥用水方案，人工管理的不稳定性容易造成肥料及水资源浪费，导致投入成本大却没有获得预期香蕉产量及品质。因此，全面推行标准化优质丰产栽培技术和香蕉水肥一体化滴灌技术势在必行。

3. 完善香蕉枯萎病综合防控机制，解决"最后一公里"问题　自国家香蕉产业技术体系成立以来，提出了"香蕉枯萎病'五位一体'综合防控核心技术体系"，并进一步简化和完善了适应不同香蕉产区的香蕉枯萎病防控技术。2020年，在广东、云南和海南等枯萎病发生较为严重的产区，大面积推广种植宝岛蕉、桂蕉2号和中蕉9号等抗病品种，推广面积已达56万亩。调查结果发现香蕉枯萎病发病率总体控制在10%以下，在管理到位的蕉园控制至3%以下或者完全不发病。"香蕉枯萎病'五位一体'综合防控核心技术体系"在不同发病区的应用，使香蕉枯萎病的发生和危害得到有效防控，这为保证我国香蕉产业健康和可持续发展奠定了坚实的基础。

但是，很多小规模散户不能掌握枯萎病有效防控措施，存在"最后一公里"问题，这就需要完善枯萎病防控机制。在传统推广体系基础上，构建专业服务平台和建设专业服务队伍，将专业的枯萎病防控工作交给专业团队和人员完成，提高枯萎病防控的专业社会化服务能力。

4. 加大香蕉优势产区机械化推广示范　示范引领是机械化成功推广的有效途径，应加大体系机械化生产技术的研发、试验、示范，辐射影响所有香蕉产区。如选择广西南宁、崇左、百色，广东湛江，海南澄迈、临高等优势区作为重点示范区域，对种植基地进行机械化作业的实验与示范，培养农机作业队伍与农业机械服务主体，逐步提高机械化作业面积。

5. 提高采后处理能力　在国内市场上，国产香蕉和进口香蕉零售价格存在很大差距，一定程度上取决于两者的采后处理措施不同。一是加强香蕉冷链保鲜技术研发，研究香蕉短时过量时的贮藏处理技术，增强冷链运输能力，有效调节上市时间和上市量。二是针对国内地形多变的香蕉基地，开发简便、实用、投资成本较低的无损伤机械化采收、转运与采后处理的关键技术与装备，保证香蕉从采摘、落梳、修整、洗涤到保鲜、风干和包装等环节不落地，最大限度地防止采收及运输过程中的机械损伤，以提高香蕉的商品化质量和标准化生产程度，提高经济效益，降低劳动强度。三是建立标准化保鲜包装及催熟技术规程。国内包装的香蕉一般是统货，好蕉差蕉混装在一起，严重影响香蕉销售价格。应针对不同的目标市场，大力推行分级分类包装，做到产品及品牌的多样化，通过价格差异实现利润；产品分级分类也是加强品质管理的重要手段。

6.加大品牌打造力度　香蕉产业发展的机遇在于品牌打造。当前，我国经济社会发展已经开启新阶段、进入新征程，加快实施品牌强农战略已经成为推动农业高质量发展、提升农业竞争力的必然选择。在构建新发展格局的大背景下，大力实施品牌强农战略，促进农业供需结构调整，对于延伸产业链，提升价值链，稳定和创新供应链，持续推动农业高质量发展，提升我国农业国际竞争力将发挥更加重要的作用。

香蕉生产具有较强的地域特征，在品牌宣传与推广过程中，除借助传统的农业嘉年华、展销会、"互联网＋"等手段外，与地方文化的有机结合是打造高知名度香蕉品牌的有效途径。历史文化之根是打造区域品牌的源头活水，通过挖掘香蕉产业与地方文化在历史、文学、古今人物、民俗餐饮和民族文化等领域的结合点，打造香蕉区域品牌推广的点睛之笔，实现"产业链相加、价值链相乘、供应链相通"的三链重构格局。

7.延长香蕉产业链，提高产品附加值　当前，我国香蕉深加工业薄弱，香蕉主要是鲜销，发展香蕉产品加工业，将香蕉加工为果汁、果酒、果酱、果干等商品，可实现产业链的延长和附加值的提高，实现香蕉产品消费形式的多样化，分散蕉农种植风险。

促进香蕉深加工产品品种多样化。目前市场上销售较多的香蕉深加工产品为香蕉片，还有少量的香蕉浆、香蕉粉等，但半成品性质的香蕉浆、香蕉粉决定其直接消费群体过窄。国际市场上流通的香蕉脆皮、香蕉酱、香蕉酒、香蕉面粉等香蕉深加工食品在中国市场上较为稀少，中国已有较多的香蕉深加工研发成果，但成果转化率不高。

要实现香蕉加工业的发展，首先要加快品种结构调整速度，引进、选育适宜的加工品种；其次，加大香蕉深加工设备和技术的研制，政策上加大对香蕉深加工企业的扶持力度。

加大香蕉副产物的综合开发利用。加大香蕉秸秆制备青贮饲料技术研发和规模化生产；推广香蕉秸秆堆肥技术，提高肥料化利用率。

第二章 香蕉生物学特性及其对环境的要求

香蕉与大多数园艺植物有很大的不同，其为多年生常绿大型草本单子叶植物。它是草本植物，因为在果实收获后，地上部分死亡，没有木质成分；也是多年生植物，因为新的吸芽从母株的基部生长出来，取代已经死亡的地上部分。

一、香蕉生物学特性

（一）根系

香蕉的根系开始是肉质的不定根，没有主根。香蕉根系由初生根、二级次生根和三级次生根共同构成（图2-1）。初生根从根茎的中轴表面开始生长，常2～4个为一组并生。健康的初生根直径为5～8毫米，呈白色，后来变成灰色或褐色，最后死去。有研究表明，一株健康的香蕉可能产生200～500个初生根，如果把那些吸芽的根也包括在内，这个数量可能会增加到1 000个。二级次生根起源于初生根根尖附近的原生木质部，随着初生根在土壤中延伸，次生根相继产生；

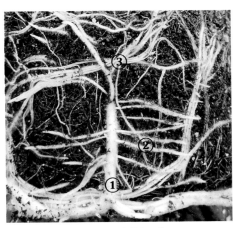

图2-1 香蕉根系
① 初生根，起源于根状茎 ② 二级次生侧根 ③ 三级次生根。初生根、二级、三级次生根均生有根毛

同理，在二级次生根的基础上产生三级次生根，二级、三级根逐渐比初生根更细、更短。在初生根和二级、三级根延伸的根尖后面一段距离内，产生根毛或支线根，负责大部分的水和矿物质的吸收。新根白色，直脆易折，表皮由薄膜细胞组成，缺少形成层组织；老弱根的外层逐渐木栓化，内层厚壁化加强，吸收能力逐渐减弱。有研究表明，卡文迪什亚群初生根的功能寿命为4～6个月，二级、三级次生根的功能寿命分别为8周和5周左右。根毛大约3周后才开始腐烂。在开花过程中，母株根茎停止出现新的初生根，吸芽根占优势。

通常香蕉85%以上的根系分布在近地面10～30厘米深的土层中，偶见主根穿透至60厘米以下。水平根伸展的宽度可达1～5米，常常超过地上部叶展的宽度。香蕉根系在土壤中的分布受土壤类型、疏松度和地下水位高低等因素的强烈影响。黏重、密实或排水不良的土壤严重限制根系的延伸，从而降低产量；相反，排水良好且已耕至50厘米以下的疏松轻土壤会产生更多和更健康的根。根的分布在基因组之间甚至在品种之间也存在差异。国外许多学者对大蕉和香蕉的根系发育开展研究，结果表明，大蕉的二级和三级次生根的比例分别为53%和46%，而香蕉的二级和三级次生根的比例分别为22%和77%，他们认为，三级次生根的相对缺乏是导致大蕉群体生产力低下和产量迅速下降的一个因素，而三级次生根是产生大部分根毛的主力根。

（二）根茎

香蕉的真茎部分或全部在地下，学术上称为结节茎。香蕉不像大多数根茎那样具有延伸的水平生长，但从根茎上生出吸芽依次向外生长，在吸芽长出之前有少量水平生长。多位学者对香蕉的植物学描述表明，香蕉的茎应该被视为一个短的根茎，而不应被认为是一个真正的球茎。但在实际生产过程中，通常将香蕉的根茎和外面包裹的密集皮层，统称为球茎。

成熟根茎的直径和高度约为30厘米，但这取决于植物的活力和植株是处于生长期还是宿根蕉留芽期。根茎有极短的节间，外部被紧密包裹的叶痕所覆盖。其内分化为中央筒体和皮层，地面组织为淀粉质薄壁组织（图2-2）。根茎既是芽眼及吸芽着生的地方，又是整个植株养料贮存的重要器官。开花前，根茎约占植株总干物质的45％，但在果实成熟时，这一比例降至约30％，这是因为香蕉进入生殖生长后需要重新分配储备的养分。根茎顶端分生组织呈扁平的圆屋顶状，从其外沿螺旋状顺序形成叶片，最终的分生组织中心转化为花序，花序大小的上限由转化时分生组织的大小决定。香蕉营养芽着生于根茎外部包裹的皮层，以中部或上部居多，其抽生次序一般是下部的先抽生，越后抽生的越接近地面。芽眼生长发育为吸芽。吸芽的早期生长依靠母株的营养，不久便形成自己的球茎及根系。

图2-2　挂果后香蕉茎秆和吸芽剖面图

①根状茎（真茎）地下部分　②根状茎的皮层　③根状茎的中央筒体　④形成假茎的紧密叶鞘　⑤吸芽的假茎和生长点

　　根茎应完全保持在土壤表面以下，但根状茎从土壤中长出，部分暴露的现象称为露头。在管理不善的蕉园经常出现根茎部分暴露在外，甚至整个根茎全部暴露，这会使植物生长受到极大的影响，从而降低产量潜力。

（三）吸芽

　　收获后，香蕉植株的地上部分（叶子、假茎和果柄）通常会被砍掉，否则它们会自然死亡。香蕉通过产生吸芽进行繁殖，吸芽是在叶片形成过程中根状茎上的营养芽的分枝。香蕉吸芽据其形态和来源可分为剑芽（剑叶吸芽）和大叶芽（图2-3、图2-4），剑芽因抽生时期不同又分为红笋芽和褛衣芽。吸芽最初的生长几乎完全依赖于母株的营养。剑芽通常起源于根状茎下部的腋生芽，与母体植株有很强的联系，因此它们自己长出了粗壮的根状茎。而大叶芽通常从土壤表面附近甚至上面的浅芽发育而来，也可以从垫层（种植穴）中较老的根茎发育而来，它们与母体之间的联系通常很微弱，所以吸芽很早就长出了阔叶，以弥补营养缺失，这样的吸芽不可能发育成强壮有力的宿根植株。生产上，通常只选择其中一个吸芽来生长和再生植株，但也有靠近路边和空位较大的香蕉留两个吸芽。剑芽可选留作母株，也作种苗。

图2-3　香蕉剑芽　　　　图2-4　香蕉大叶芽

　　1.红笋芽　茎部粗壮，上部尖细；叶细小。因其色泽嫩红而得名。它是2月气温回暖才长出地面的吸芽。一般在苗高40厘米以上才移植。

　　2.褛衣芽　叶片狭窄、细小如剑状。因其叶片在上一年抽出，越冬而枯萎，但仍被挂在假茎上，因而得名。褛衣芽生长后期气温较低，地上部生长慢，地下部的养分积累较多，形成下大上小的形状，根系多。

3.大叶芽　大叶芽是指在接近地面的芽眼所长出的吸芽；或在生长弱的母株上发出的芽；有的从旧蕉上萌发。芽身较纤细，地下球茎也较小，初出即为大叶，故名大叶芽，不选留作继续结果的母株，也极少作种苗用。

（四）假茎和叶

因品种及栽培条件不同，香蕉假茎高度为1.5 ~ 6米不等。香蕉的假茎由层层紧压着的覆瓦状叶鞘重叠形成，起着支持和运输作用。地下茎的顶生分生组织的生长点，在植株转入花芽形成阶段时，迅速向上生长，在假茎中心伸出，其上着生叶片及顶生花序即香蕉的地上茎。地上茎的组织和根茎一样，都是以薄型细胞为基础，也分为中心柱和皮层两部分，但皮层厚度大为减小，且只有叶迹维管束与根、叶、果的疏导系统联系着。

叶的排列为螺旋式互生（图2-5），叶鞘接近叶片的部分逐渐收缩为叶柄，假茎的横断面叶片的中脉是浅槽形，可使雨水下渗以润滑上升中的新叶和花序。

图2-5　香蕉叶片和假茎

香蕉的叶片长而宽，刚抽生时左右半片包卷着成圆筒形，筒顶闭合。当整张叶片都抽出后，叶身开始自上而下张开。

吸芽初期长出的叶片如鳞状，具有较狭小的鞘叶，无叶身，后抽出仅有狭窄叶身的小剑形叶，再后逐渐长出正常的大叶，叶片一片比一片增大，直到花序分化开始，叶身达到极限。往后又逐渐缩小，在花序抽出前的两片叶子更小，着生在花轴上的最后一片最短，并直生。在花芽分化后，叶片、叶柄变短而密集排列于假茎顶部。叶片有粗厚的中脉和两侧有羽状平行的叶脉，叶片的左右两半有随气候而张开或略褶合的机能，以调节叶底气孔的蒸腾量。叶的生长发育和花芽分化、结果的关系密切。叶片总面积大小与果实的数量、重量、品质成正比；与果实发育所需的时间长短成反比。在挂果期间保持10～12片以上的完整叶片，并不断供应所需的肥料和水分，则果实成长较快而产量较有保证。因此，叶数多而大，枯叶少，组织膨软，色浓绿而带光泽，这是丰产的预兆。

（五）花蕾

香蕉周年开花，其花芽分化受日照时数或温度的影响。

植株出叶快，叶面积增大快，全株达到最大叶面积时则花芽分化早，反之则迟。在一定的叶数范围内，其叶面积已达最大时，便可以进行花芽分化。气温高、水肥充足，则叶生长快，叶面积增大快，花芽分化便可提早。吸芽生出28～30片大叶即可抽蕾。

当花序开始分化时，在形态上最突出的变化是球茎生长点的迅速伸长。此外，苞片也开始形成。一般花序是在植株生长7～10个月之后开始形成（因品种、气候及栽培条件等而有差异），约经一个月，花轴才由地下茎向上伸长到假茎的顶端。抽蕾前一个月左右，是果实段数及每段果实个数的决定期。香蕉花序是一个复杂的穗状花序，呈圆锥状，刚现蕾时，花序最初直立，但由于自身重量、花序的持续生长和地向效应，迅速向下。花序苞片颜色有橙黄、粉红、紫红色或紫绿色等。花序下垂后，苞片展开而至脱落，露出多段的小花，每段有10朵以上至30朵，为二行排列，称为一梳或段，花苞和花被均为螺旋状，着生在总花轴上。

香蕉有雌花、雌雄同体花（中性花）和雄花三种。在花序上排列次序为：基部的是雌花，中部的为中性花，先端的为雄花（图2-6）。花单性，黄白色，子房下位，3室，有退化的胚珠多颗。各种花都有一个管状被瓣（由三片大裂片、两片小裂片拼成），一个游离被瓣及一组由五枚雄蕊或退化雄蕊所组成的雄器，一个三室的子房和柱头。雌花与雄花的最大区别在于子房的长短及雄蕊的长短。雌花的子房占全花长度的2/3，子房3室，柱头3裂，退化雄蕊5枚。雄花的子房远较花被为短，雄花虽有很发达的雄蕊，但花粉多退化。退化花，子房长度占全花的1/2，具有不发育的雄蕊。香蕉的花序为无限花序，各种花可随营养条件而转化，如花芽分化前营养充足，则形成的雌花较多，反之则少。

图2-6　香蕉花蕾

①果轴　②雌花，双层螺旋状排列在果轴上　③雌雄同体花，通常在发育过程中脱落　④雄花，紧紧地包在苞片内（钟形）

香蕉花序的雌花段数及果数多少，早在花芽形成时已成定局。但是果实的大小则要看果实生长发育时的气候、营养状况和栽培管理水平来决定。香蕉的花芽分化期，即生长的头3～6个月，正是蕉株产量形成的关键时期。这时植株对营养不足特别敏感，栽培上要注意及时施肥，为花芽分化储备足够多的养分。而随后的营养亦要充足使植株粗壮，才能保证小果不断发育，提高产量。

（六）果实

香蕉果虽然起源于下位子房，但在植物学上可被定义为有果皮的浆果。外果皮由表皮和通气组织层组成，中果皮形成果肉，内果皮局限于靠近卵巢腔的内上皮。在野生的有籽香蕉中，授粉是果实发育的关键，成熟的果实含有大量坚硬的黑色种子，种子周围是由子房壁和隔膜发育而来的带甜味的果肉。如果种子香蕉的卵巢不受授粉影响，它们就不能发育。而可食用的香蕉是单性生殖的，因为它们没有授粉就长出了大量可食用的果肉。子房腔内有3个小室（图2-7①），大多数果肉发育于小室的外边缘（位于维管束所在的果皮内表面）。果肉实质也由胎盘间隔发展而来。淀粉粒最初沉积在维管束附近的髓细胞中，此后淀粉粒向心运动，直至果实成熟。胚珠较早干瘪，但在成熟果实中可识别为微小的褐色斑点，嵌在与中心果轴相连的可食用果肉中（图2-7②）。

香蕉花序从假茎抽出后，因重力关系即转向地面下垂生长，而在苞片开展后，花被及柱头脱落时，子房开始逐渐转向，变为

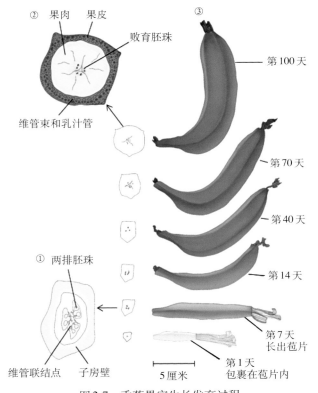

图2-7 香蕉果实生长发育过程

①初花期幼果横截面 ②收获成熟期果实横截面 ③果实外形变化

根据JC Robinson 和 VG Saúco（2010）重新绘制

背地性生长（图2-8）。这种指向天空的背地性越强，果实贴服在果轴上就越紧，在运输时，果实就越不易受损。果肉未熟时富含淀粉，催熟后，转化为糖。果皮与果肉未熟前有单宁，熟后转化。香蕉的栽培种是单性结实，果实没有种子。野生蕉经授

图2-8　香蕉断蕾挂果

粉则有种子，云南、广东和海南岛的野生蕉，小果内有很多硬质的黑色种子，外有一层薄薄的果肉。栽培的大蕉和牛奶蕉，偶然也有种子。香蕉的栽培因选留吸芽的先后错开，周年可开花结果。收获期及果形变化，则因品种、施肥和外界环境而异。例如夏秋季高温、多雨，生长快速，发育均匀，果形正常，果实肥大，色泽好。而在低温、干旱条件下，生长发育慢，果实细小，并且形状不正常，收获期就要长些。冬春两季，由现蕾到断蕾要20多天，需130～160天才能收获，产量也低。

二、香蕉对环境条件的要求

（一）温度

香蕉树是典型的热带亚热带果树，喜高温怕低温霜冻。香蕉的生长温度为15.5～35℃，最适宜温度为24～32℃，在生长期间如长期超过24℃则生长期缩短易获高产，绝对最高温度不宜超过40.5℃。香蕉怕低温，更忌霜雪，当温度低于20℃时生长速度缓慢；10～12℃低温，对植株生长即有不良的影响，果实生长缓慢，果瘦小而品质差；低于10℃生长完全被抑制，5℃时植株各器官受冻，0℃以下地下部分冻死。霜雪使蕉叶枯萎，严重时使植株死亡。气温越低，持续期越长，受害越严重。我国绝大部分香蕉产区都易受到冬

春寒流的侵袭，从而导致我国蕉园更易遭受寒流破坏。

　　香蕉生长的不同阶段，各种器官受冷害反应不同。果实在5℃温度稍长一些，也会受冻伤，幼果表皮组织被破坏，变黄褐和软腐。受冻后的香蕉果实，因原生质遭破坏，且果皮又含有很多氧化单宁，故果实不能催熟，不宜食用。但如果幼果已长达50%～70%的饱满度，则抵抗力稍强。轻霜对叶片危害较果实重，但如遇寒风冷雨则果实比叶易受害。幼小的植株因受母株遮挡保护，霜冻时受害较轻，尤其是未展开大叶的吸芽。成长的植株，尤其是抽花序前后，最易受霜冻。

　　香蕉耐寒性比大蕉、粉蕉弱。国内外香蕉栽培分布地区，大多数年平均温度在21℃以上，少数地区年平均温度在20℃左右，最冷月平均温度12℃以上，极端低温不低于−3℃。这些地区在我国基本无雪；如年平均温度为21～22℃，最冷月平均温度15～16℃以上的地区，则基本无霜。在年平均温度较低、霜害较重的地区栽培香蕉，宜选耐寒性强的矮香蕉，留吸芽期要适当，并在施肥管理上控制其生长，使其在霜冻后仍有一定数量的未出叶，恢复生长后能保持假茎健壮和有10片以上的大叶，然后开花结果，每年收一次，则能获得良好产量。在香蕉栽培北缘地区以栽种大蕉、粉蕉为宜。

　　据中国热带农业科学院海口实验站观察，海南当地主栽品种巴西蕉在月平均温度20℃以上时，10天左右生长一片新叶；月平均温度25～26℃，1个月可抽新叶5～6片；20℃以下时要10天以上生长一片新叶，12月至翌年1月生长一片叶需25～30天。4—10月为生长旺盛期，12月至翌年1月生长最慢。

　　（二）光照

　　香蕉生长要有充足的光照。在旺盛生长期，特别是花芽形成期、开花、果实成熟期，以日照时数多，并有阵雨为宜。在温度高和光照充足的情况下，成长的果实亦较大，小果发育整齐，成长快。但香蕉属丛生性，彼此间造成适当的荫蔽环境则生长得特别好。适当密植是符合香蕉的生物学特性的。对光照的适应性，因品种而不同，大蕉则要求较多的光照。过于强烈的阳光通常与干旱相继发生，香蕉易受旱害，易发生日灼。即香蕉需要日照充足，但又不宜过于猛烈。在低温阴雨下成长的果实一般果小，欠光泽。

（三）水分

香蕉的叶片宽大，生长迅速且生长量大，故要求大量的水分。但其需水量亦因生长期而异，以生长旺盛期需水较多。又因其浅根，不耐干旱，土壤中要求经常有水分供应。一般认为，每月平均最低限度要有100毫米的降水量，比较理想的是每月200毫米的降水量。适宜年降水量是2 500毫米以上，分布均匀。

香蕉在温度、湿度适宜与肥料充足时，每月可抽出叶片4～5片，以5—8月生长最快，低温干旱时，每两、三周才出现1片叶或一月多才生出1片。蕉叶开展迅速期，也是植株生长最旺盛时期。在生长旺盛的高温多湿季节，不断供应所需的养分和水分，可促进香蕉生长迅速，生叶快，叶面积增大快，能提早抽蕾和提高产量。在旱季要适当灌溉，否则香蕉生长缓慢，营养器官发育不良。在花芽分化时，雨水不足，则段数和每段果数都会减少，而在果实成长期缺水，则产量降低。反之如水分过多，则根系呼吸困难，吸收养分少，甚至根系窒息至死，雨水过多季节要注意排水。

（四）土壤

香蕉对土壤的要求不是很严格，不论山地、平原，各种不同的土壤，都能生长。但所获得的产量，则明显不同。蕉类中以大蕉、粉蕉、牛奶蕉等的根群粗壮，虽土质稍差也能生长，但切忌积水。香蕉的根群较细嫩，对土壤的要求比较严，黏重土及沙质土皆不适宜，以选物理性状良好、有团粒结构、富含有机质、肥沃、疏松、土层深厚，水分充足而排灌良好和地下水位比较低的黏壤土、沙壤土，尤以冲积壤土或腐殖质壤土最为适宜。地下水位不宜超过50厘米。凡地下水位高的土壤生长差，如遇暴风雨侵袭，容易淹浸。香蕉根最不耐浸，经淹后，叶片变黄，产量下降，浸四天以上根群窒息死亡，随着整株死亡。

香蕉生长适宜的土壤酸碱度（pH）为5.0～7.5。当土壤pH在5.0以下时，土壤中的尖孢镰刀菌迅速繁殖，易侵害香蕉根系，引起枯萎病的发生。

如有灌溉条件香蕉能在山地栽培，云南省海拔在1 600米以下而霜害不严重的地区，不论坝区或山地都可种蕉类。但山地如没有灌溉设备，只能种在比较低湿的山麓地带，一般坡度在10°以下为宜。除选好土质外，山地栽培的关键在于深耕改土，保水、保土、防旱。斜坡地及高地以选向南、向东南最好；向西、向北地区不大适宜，遇寒风冷雨时易受害。同时植地尽可能选开阔、通风的环境。

植地条件影响香蕉品质，种在地下水位稍高的水田区，所产果实含水分较多，果身略肥满短小，肉厚，色暗，果梗粗大，肉质软，味较淡，不耐储运。栽在地势较高的蕉园，所产果实形较瘦长，果肉较实，果梗略细，果皮较薄，色绿而有光泽，味较甜，水分较少，较耐远运。可见在园地选择时，对土质、地势方向、地下水位高低等条件皆应加以考虑。

蕉园的经济收益年限，因园地条件、耕作方法、品种等不同而异，一般种植5～10年进行换种，10～20年的宿根蕉园也不少。

（五）风和冰雹

香蕉怕强风，因叶大、干高、根浅，易被台风或强风吹倒，风速20米/秒即受危害。华南的香蕉，受台风影响有的年份损失严重，甚至绝收（图2-9）。但季风和海风，有调节气温的作用，适宜香蕉生长。

图2-9　台风毁园

此外，在有些热带和亚热带地区，冰雹、阵风等极端天气也是不利的气候条件。

第三章　香蕉品种资源

一、香蕉的植物学分类

香蕉在植物分类学上属于的芭蕉科（Musaceae）植物，该科有象腿蕉属（*Ensete*）、地涌金莲属（*Musella*）和芭蕉属（*Musa*）。大多数可食用香（大）蕉属于芭蕉属（*Musa*），香（大）蕉由尖叶蕉（*Musa acuminata*）和长梗蕉（*Musa balbisiana*）两个原始野生蕉通过种内或种间杂交后代进化而来，其中香蕉由尖叶蕉（*Musa acuminata*）变异、自然杂交而来，为同源三倍体；而芭蕉、粉蕉、大蕉由尖叶蕉（*Musa acuminata*）和长梗蕉（*Musa balbisiana*）自然杂交而来，为异源三倍体，但不同品种，其遗传基础所占比例各不相同。Simmnods指出从野生蕉进化到食用香蕉，涉及到抑制种子的萌发和单性结实特性的演变过程。Perrier等揭示了香蕉从野生二倍体到可食二倍体香蕉的转化过程，以及从可食二倍体香蕉进化到三倍体香蕉的遗传构成变化。有关野生二倍体香蕉（*M. acuminata*）演化成为不育的可食用香蕉栽培品种至少发生在三个地区间：新几内亚和爪哇之间；新几内亚与菲律宾岛之间；以及东南亚大陆之间。野生AA二倍体香蕉种类变化多样，分作不同的几个亚种。可食香蕉进化的一个关键事件是来自东南亚群岛的野生蕉与来自美拉尼西亚群岛的（AA）蕉杂交结果，这可能是由于人类迁移活动所引起，由于人们对浆果的选择喜好，导致香蕉单性结实的一些品种最终选育出来。而进一步的结果是，随着二倍体香蕉（AA）减数分裂产生双配子再与产生的单配子发生融合，便形成了不育的三倍体可食香蕉。如把含有尖叶蕉（*Musa acuminata*）性状的基因称为A基因，把含有长梗蕉（*Musa balbisiana*）性状的基因称为B基因，并根据对15项生物特征的评分和染色体倍数，可将栽培香（大）蕉基因型分为AA、AAA、

AAAA、AAB、AAAB、AABB、AB、ABB、BB、BBB 等。在果实风味方面，以 AA、AAB 组鲜食栽培品种为最好，其次是 AAA 组的栽培品种，ABB、BBB 及 AB 组栽培品种品质风味较差。在抗逆性方面，通常含 B 基因的抗逆性较好，如抗寒性、抗旱性及抗涝性等，BBB、ABB 比 AAB 好，比 AAA 更好，最差的是 AA 型的品种。而在 AAA 组中，香牙蕉比大蜜哈、红绿蕉类品种抗性好些。在抗病性方面，则依病原不同而异。

二、香（大）蕉的品种类群及特征

（一）香（大）蕉的品种类群

1. AA 基因组类群　Pisang、Jari Buaya、Sucrier、Mshare、Pisang、Linlin、Inarnibal（东南亚）。

2. AAA 基因组类群　香牙蕉、红蕉、绿红蕉、非洲高地香蕉、大蜜哈（中南美洲）、安帮蕉（菲律宾红香蕉）、大种高把（中国）、大矮蕉（中南美蕉）、Marado（菲律宾）、Red raja（澳洲）、Lujugira Mutika（东非）。

3. AAAA 基因组类群　阿托佛（牙买加）。

4. AB 基因组类群　Ney Poovan、Kunnan（印度）。

5. AAB 基因组类群　菜蕉、法国菜蕉、牛角菜蕉、拉椰蕉（马来西亚）、虎蕉（牙买加）、坦多蕉（菲律宾）、可拉蕉（马来西亚）、卖少利（印度）、丝蕉（巴西）、龙牙蕉（中国）、波眉蕉（巴西）、买尔毛里蕉（夏威夷）。

6. AAAB 基因组类群　布鲁果蕉（西印度群岛）、阿华蕉（马来西亚）。

7. BB 基因组类群　阿布红（菲律宾）、格拉（马来西亚）。

8. BBB 基因组类群　沙巴（菲律宾）、欣蕉（泰国）。

9. 其他基因组类群　Klue teparod（ABBB 泰国）、踢拍罗蕉（AAAB）、阿担蕉（AABB）。

以AAA、AAB分布最广，栽培最多，种类也繁多。ABB、BBB、AA等在一些国家的栽培也不少，而AAAA、AAAB、AABB是人工育成的品种类群。

（二）香（大）蕉的品种特征

1.香牙蕉类型（AAA群）　香牙蕉简称香蕉又名华蕉，是我国目前栽培面积最大的类群。假茎黄绿色而带深褐黑斑，叶片较阔大、先端圆钝，叶柄粗短、叶柄沟槽开张，有叶翼、叶缘向外，叶茎对称，果轴有茸毛，果形为月牙弯状，有浅棱，成熟时棱角小而近圆平；果皮呈黄绿至黄色，果皮较厚，外果皮与中果皮不易分离；果肉黄白色，质柔滑、味清甜、香味浓郁、无种子、品质好。香牙蕉单株产量一般为15～30千克，高的可达60～70千克。根据香牙蕉假茎高度和果实特征等性状的不同，又分为高、中、矮3种类型的香牙蕉（表3-1、表3-2）。

2.大蕉类型（ABB群）　大蕉在我国北部地区也称芭蕉。植株粗壮高大，长势壮旺，假茎青绿色带黄或深绿、无黑褐斑。叶片宽大而厚、叶色深绿常有光泽，叶先端较尖，叶茎为对称心脏形，叶背和叶鞘微披白粉或无白粉，叶柄长而沟槽闭合，无叶翼；果轴上无茸毛，果实较大。果身直、棱角明显；果皮厚而韧、成熟时果皮浅黄色至黄色，外果皮与中果皮易分离；果肉杏黄色，肉质粗滑，味甜带微酸，无香味，偶有种子。对土壤适应性强，耐旱抗风能力较强，抗寒及抗病虫能力强。大蕉单株产量一般为8～20千克，生育期比香牙蕉稍长15～30天，按茎干的不同可分为高、中、矮型大蕉。

3.粉蕉类型（ABB群）　粉蕉各地名称不同，在广东的珠江三角洲称粉沙香，海南称为糯米蕉、蛋蕉。粉蕉植株高大粗壮，假茎淡黄绿色而无或少黑褐斑。叶狭长而薄，淡绿色，先端稍尖，叶茎对称心脏形。叶柄长而闭合无叶翼，叶柄及茎部披白粉、边缘有红色条纹；果轴无茸毛、果实微弯、果柄短、果身近圆平表，且果身较短，果皮薄成熟时浅黄色；果肉乳白色、肉质柔滑、汁少肉实、味清甜微香。粉蕉单株产量一般为10～20千克，高产的可达25～30千克。对土壤的适应能力及抗逆能力仅次于大蕉，但易感巴拿马病，也易受香蕉弄蝶幼虫的危害。西贡蕉等均属此类。

4.龙牙蕉类型（AAB群）　龙牙蕉植株瘦高，假茎淡黄绿色，有紫红色斑，叶狭长、叶较薄、淡绿色，叶柄与假茎披白粉，叶柄沟槽半边闭合半边开张，叶基为不对称耳状；花苞表面紫红色，披白粉；果轴有茸毛，果形直或微弯，果身肥满近圆平、中等长大，果皮薄成熟后呈金黄色，果皮易纵裂；果肉乳白色、肉质柔滑、味甜带微酸、香味独特、品质好。龙牙蕉单株产量一般10～20千克，抗寒能力比香牙蕉稍强，但易感巴拿马病和易受弄蝶幼虫、象甲虫的危害。抗风、抗涝性较差、果实不耐贮运。

表3-1　香（大）蕉植物学性状

项目	香蕉	大蕉	龙牙蕉	粉蕉
整齐度	较整齐	整齐	较整齐	整齐
果指形态	微弯	直	微弯	直
果指长度（厘米）	16～26	14～20	15～16	12～22
果皮后熟色泽	黄至鲜黄	土黄	鲜黄	粉黄至鲜黄
果肉色泽	黄白	橙黄	乳白	乳白
肉质	实，滑	实，纤维多	实，有粉质	软滑
甜味	甜至蜜甜	酸甜	甜酸	清甜
香味	香	无香味	微香	无香味
固形物（%）	16～28	22～25	22～26	23～31
全糖（%）	16～25	18～23	18～22	19～28
代表品种	巴西蕉、宝岛蕉	桂大蕉1号	中山龙牙蕉	广粉1号、粉杂1号

表3-2　香（大）蕉果实性状

特征	香牙蕉	大蕉	粉蕉	龙牙蕉
假茎	有深褐黑斑	无黑褐斑	无黑褐斑	有紫红色斑
叶柄沟槽	不抱紧，有叶翼	抱紧，有叶翼	抱紧，无叶翼	稍抱紧，有叶翼
叶基形状	对称楔形	对称心脏形	对称心脏形	不对称耳形
果轴茸毛	有	无	无	有
果形	月牙弯，浅棱、细长	直，具棱，粗短	直或微弯，近圆，短小	直或微弯，近圆中等长大
果皮	较厚，绿黄至黄色	厚，浅黄至黄色	薄，浅黄色	薄，金黄色
肉质风味	柔滑香甜	粗滑酸甜无香	柔滑清甜微香	实滑酸甜微香
肉色	黄白色	杏黄色	乳白色	乳白色
胚珠	2行	4行	4行	2行

三、我国的香蕉品种

香蕉原产于亚洲东南部，中国是蕉类发源地之一，目前海南、广东、广西、云南等省（自治区）都发现有野生蕉分布。目前，全世界有香（大）蕉品种300多个，其中我国台湾省有香（大）蕉品种80多个，大陆有香（大）蕉品种30多个。我国以栽培香牙蕉类为最普遍，也有小面积栽培大蕉、粉蕉和龙牙蕉。

（一）主栽品种

1.巴西蕉　20世纪80年代末从澳大利亚引进的巴西香牙蕉品种，由中国热带农业科学院热带生物技术研究所、广东省农业科学院果树研究所、海南绿晨香蕉研究所、广东省遂溪县生物技术研究中心，张锡炎等人选育。2012年通过海南省农作物品种审定委员会认定，审（认）定编号为琼认香蕉2012001。

特征特性：巴西蕉亲本来自巴西的香牙蕉Nanicao，基因型为AAA，是我国香牙蕉中经济性状最好的生产品种。植株高度为2.2～3.0米，新植株高度2.37米，宿根高度3.0米。巴西蕉假茎呈棕褐色，新植蕉假茎基部和中部分别为76厘米和54厘米，宿根蕉为86厘米和61厘米，假茎粗大，抗风力较强。巴西蕉新植叶片长度和宽度分别为208厘米和90厘米，宿根分别为233厘米和99厘米，叶片较开张。果穗长84厘米左右；果穗周长120厘米左右，上下果梳较一致呈圆柱形；果指长20.1～21厘米；果数134～149个；果皮厚，耐贮运（图3-1）。单产24千克，最高可达50千克以上，亩产可达3 500千克左右。在海南生育期9～12个月。组培苗变异较少，变异类型为镶纹叶、斜纹叶，少矮变。品种比较抗叶斑病，对病害和虫

图3-1 巴西蕉挂果

害的抗性与其他香牙蕉无差异。巴西蕉主要缺陷是不抗香蕉枯萎病4号生理小种，比其他香牙蕉耐瘦瘠、抗寒性、耐旱性较优。适宜广东、广西、海南、云南、福建种植区。

栽培技术要点：

①选择没有种植过香牙蕉或不含致病菌（香蕉枯萎病尖孢镰刀菌4号生理小种）、交通方便、排灌条件良好、地下水位低、水源充足的土地。园地应充分犁耙或用挖掘机全园深翻，植穴宜在定植前一个月准备好。

②采用6～14片新发生叶的营养杯组培苗；种植密度为

110～160株/亩，建议宽窄行定植以方便田间管理。在海南一年四季均可种植，可根据市场要求、气候条件（冬季低温霜冻及台风季）决定种植时期。

③在园地四周设总排灌沟，园内设纵横大沟并与畦沟相连，根据地势确定各排水沟的大小与深浅，安装排水灌水设备，以在短时间内能迅速排除园内积水为宜。做好蓄水或引堤水工程。苗期以氮肥为主配以钾肥，进入中期后逐步增加钾肥的施量，有节水灌溉设施的可采用水肥一体化进行施肥。注意施肥量可逐月加大，但应以勤施薄施方式，避免施肥浓度过高。此外，还可结合病虫害防治喷施0.2%～0.3%磷酸二氢钾或其他叶面肥。

④当植株抽蕾时，应经常检查蕉株、校蕾、绑叶。在果指末端小花花瓣刚变褐色时，将花瓣和柱头抹除。每穗果选留6～9梳果为宜。果穗最后一梳果应保留一个果指，然后断蕾。果穗套袋，选用无纺布袋、PE薄膜袋、珍珠棉袋或纸袋等作为套袋材料。套袋时间：断蕾后10天内完成。套袋前对果穗喷施一次防治香蕉黑星病的杀菌剂和防治香蕉花蓟马的杀虫剂，并记录断蕾套袋时间。

⑤田间管理工作：除草、松土、培土、除芽与留芽；立桩防风：立桩在抽蕾前或抽蕾后进行。可选用坚硬的竹子或木条作蕉桩，避免蕉桩与果实接触，蕉桩上部绑牢于果轴上。

⑥可根据市场行情及气温条件适期采收，采收时就做到无伤采收和包装。

⑦前期防治蚜虫预防病毒病，注意保持蕉园的通风卫生，中期防治叶片的叶斑病、黑星病。全生育期防控枯萎病4号小种。小苗刚定植前期防治地下害虫、线虫；小苗发3～10片叶时防治蚜虫、斜纹夜蛾及卷叶虫；抽蕾前期防卷叶虫、花蓟马。

2.桂蕉6号 1987年从澳大利亚以试管苗方式引进的香蕉品种（品系）材料，经在国内组培快繁，筛选组培变异株而育成的优良品种，由广西植物组培苗有限公司、广西美泉新农业科技有限公司、广西农业科学院生物技术研究所，林贵美等人选育。2012年通过广西农作物品种审定委员会审定，审定编号为桂审果

2012001号。

特征特性：属香牙蕉类，基因型为AAA。品种通过组织培养方法生产种苗，培育成营养杯苗后提供大田种植。组培苗以种植三造以内更换种苗为宜。春植、夏植、秋植、冬植生育期分别为300～420天、360～400天、360～400天、330～390天。每亩种植120～130株，组培苗第一代假茎高2.2～2.6米，假茎基部围径75～95厘米，假茎中部围径48～65厘米，茎形比为3.7～4.3。叶片较长而稍直立，叶片长210～250厘米，宽88～95厘米，叶形比为2.3～2.6（图3-2）。为穗状花穗，每穗形成果指7～14梳，每梳果指数16～32条，每穗果实重20～30千克，高的可达95.5千克（图3-3）。每亩产量2 400～3 500千克，高的可达4 000千克以上。组培工厂化生产技术成熟，变异株率可控制在3%以内。果穗梳型整齐美观，稳产高产，品质优良，适应性强，适合我国各蕉区种植。抗风力中等，不耐霜冻，易受尖孢镰刀菌古巴专化型4号小种侵染感染香蕉镰刀菌枯萎病；植株易感香蕉花叶心腐病、香蕉束顶病，栽培上要注意防治蚜虫及避免与茄科、葫芦科等寄主植物间套种。适宜广西桂南、桂东南及右江河谷等种蕉区种植。

图3-2　桂蕉6号田间生长　　　　图3-3　桂蕉6号挂果

栽培技术要点：

选地整地：香蕉种植园要求年平均气温21℃以上，最好终年无霜，严重霜冻发生概率低的小环境可以作为种植香蕉的次适宜区。种植园地土壤以红、黄壤，沙壤土为好。土壤耕作层要求深80厘米以上，地下水位50厘米以下，有机质大于1%，pH 6.0左右，排灌方便。水田起畦种植，旱坡地开沟种植。亩植120～130株，太阳辐射强，热量大的地区可提高种植密度，亩植150～180株。

施肥技术：①基肥：基肥以有机肥为主，每株用纯鸡粪5～10千克、钙镁磷肥0.5～1千克，复合肥0.15～0.25千克。②苗期：定植后7～10天，开始进行施肥。用尿素、复合肥、专用型冲施肥等兑成0.1%～0.5%的肥液；每株淋施水肥2～7千克，每5～7天淋1次，连续3～5次。③营养生长期：每株每次复合肥50～150克，每10～15天穴施、撒施1次；中后期施1次重肥，用复合肥200～250克埋施。④花芽分化期：花芽分化期施两次重肥。第一次重肥：复合肥350～500克，氯化钾250～350克；第二次重肥：腐熟鸡粪2.5～5千克，花生麸250～500克，复合肥350～500克，氯化钾350～400克。肥料在两株之间埋施。此外，每15～20天施一次复合肥100～150克，穴施或撒施于两株之间；期间施用硝酸钙100～150克，硫酸镁50～100克。⑤抽蕾期：每7天施肥1次，每次撒施复合肥50～100克，硝酸钾50～100克。果肥喷施2～3次。⑥蕉果发育成熟期：蕉果3～6成熟期间，施肥3～4次，复合肥50～250克，氯化钾30～150克。

水分管理：桂蕉6号生长需要大量水分，其肉质根系不耐涝，田间土壤持水量保持在60%～80%为宜。种植香蕉要有充足的水源，需建立良好的排灌系统。传统的灌溉方式有浇淋、流灌、漫灌等，为达到更理想的灌溉效果，采用滴灌或微喷灌。

主要病虫害防治：①香蕉花叶心腐病、香蕉束顶病：采用无病毒组培苗作为种源。蕉园内及附近园地不要种植茄科、葫芦科植物，发病严重的蕉园可与水稻、甘蔗等轮作。定期防治蚜虫。②香蕉叶斑病：保护性防治可喷洒80%代森锰锌800倍液或70％甲基硫菌灵800倍液，治疗性防治可喷洒25％丙环唑或24％腈苯唑1 000 ～ 1 500倍液。③香蕉黑星病：用24％腈苯唑1 000 ～ 1 500倍液喷洒病叶和果实。香蕉幼果喷药2 ～ 3次后及时套袋。合理密植，及时清除病叶残株。④香蕉镰刀菌枯萎病：加强植物检疫，选择无病组培苗种植，选择无病区进行种植。发病蕉园停止种植香蕉，改种其他作物。病园的蕉苗、土壤、肥料及农具等禁止移至其他蕉园使用。⑤香蕉根线虫病：选择无根线虫感染的组培苗种植。定植时，每株施放10％噻唑膦10 ～ 15克。隔2 ～ 3个月再用一次。注重施用有机肥。⑥香蕉交脉蚜：春季和秋季，特别是干旱年份加强防治，10％吡虫啉750 ～ 1 000倍液喷洒植株。⑦香蕉花蓟马：用10％氯氰菊酯1 500 ～ 2 000倍液喷洒。⑧香蕉象鼻虫：用48％毒死蜱1 000 ～ 1 500倍液或80％敌百虫800 ～ 1 000倍液喷洒假茎或灌施于根部。⑨斜纹夜蛾：用48％毒死蜱1 200倍液或80％敌敌畏900倍液喷洒。⑩香蕉叶跳甲：用20％甲氰菊酯1 500倍液于香蕉现蕾前喷洒蕉株顶部及吸芽叶片。

3.桂蕉1号　从威廉斯香蕉芽变单株选育而成，由广西美泉新农业科技有限公司、广西植物组培苗有限公司、广西农业科学院生物技术研究所，李小泉等人选育。2012年通过广西农作物品种审定委员会审定，审定编号为桂审果2012006号。

特征特性：中秆香蕉，全生育期约12个月。假茎高度2.4 ～ 3.0米，基茎围70 ～ 90厘米，果穗长90 ～ 130厘米，每穗果指7 ～ 14梳，每梳果指数16 ～ 38条（图3-4）。果指长24 ～ 30厘米，果皮厚0.35 ～ 0.48厘米，每500克平均3 ～ 4条果指，果指微弯，果指排列紧凑，果梳排列整齐，果形美观，成熟后果色金黄色（图3-5），甜度适中，香味浓，品质好。可在广西香蕉产区种植。

栽培技术要点：

①选择终年无霜的环境，要求土层深厚肥沃，pH 6.5左右，排灌方便的土地建园。

图3-4　桂蕉1号田间生长　　　　图3-5　桂蕉1号果实成熟后表现

②株行距为：（2～2.2）米×2.5米，亩植120～130株。畦面挖坑种植，种植坑的规格为：长（宽）0.6米×深0.4米。

③广西春植蕉在2—3月种植，秋季蕉在9—11月种植每株施放堆沤腐熟纯鸡粪5千克或肥力相当的其他有机肥，15-15-15复合肥150克、钙镁磷肥750克、花生麸250克，结合防治根结线虫病施放10%克线磷颗粒剂20～30克。

④做好校蕾抹花垫把，断蕾和疏果，果穗套袋绑绳等工作。

4.宝岛蕉　从中国台湾传统品种宝岛蕉（GCTCV-218）组织培养后代中选育获得，由中国热带农业科学院热带作物品种资源研究所、中国热带农业科学院环境与植物保护研究所、海南蓝祥联农科技开发有限公司，魏守兴等人选育。2012年通过海南省农作物品种审定委员会认定，认证编号为琼认香蕉2012003。

特征特性：

①植物学特征。宝岛蕉是多年生草本常绿果树，假茎高度2.4～3.0米属中高秆型、假茎粗壮，假茎基周80～90厘米，假茎中周60～70厘米。吸芽靠近母株垂直生长。叶片厚而宽圆，色泽深绿，叶柄稍短，叶柄边缘淡红紫至红色，有细密皱褶，与假茎连接附近有白色蜡粉层；整株青绿，有光泽，茎秆基部泛紫红，初期树型开张、后期叶片相对直立，叶间距紧凑且对生，总叶片数38～42片。果穗轴向下垂直伸展，果串呈圆柱形，苞片外呈紫红色，内呈红色，苞片披针形，开穗时苞片残存，果梳多而整齐，

每株着生11 ~ 14梳果，果梳排列紧密，果形整齐一致（图3-6a）。头梳果指数25 ~ 35个，第七梳果指数18 ~ 20个，总果指数达191 ~ 240个；果指外弧长19.5 ~ 23.5厘米，内弧长15.8 ~ 18.5厘米，果指周长12.0 ~ 15.0厘米，果柄长2.5 ~ 3.0厘米（图3-6b）。

图3-6 宝岛蕉挂果（a）和果实成熟前表现（b）

②生物学特性。宝岛蕉基因型为三倍体（AAA），果实无种子，通过无性繁殖。其周年可开花结果，喜光照适中、温暖、湿润环境，最适生长温度为28 ~ 35℃，32℃左右生长速度最快。在海南组培苗生长周期为11 ~ 12个月，在广东、广西、云南等地为12 ~ 13个月。定植至现蕾220 ~ 250天，现蕾至成熟需70 ~ 110天。

③产量。宝岛蕉具有高产稳产特性，在高产蕉园，单株产量达30 ~ 35千克/株，平均亩产可达4 875千克；中产蕉园单株产量达25 ~ 30千克/株，平均亩产约4 125千克；低产蕉园单株产量达20 ~ 25千克/株，平均亩产约3 375千克。

④品质。宝岛蕉把型整齐，果串首把跟尾把蕉相差不大，整体上更为均匀，生果果皮颜色青绿适中，催熟后金黄色，果肉淡黄色，可食率在65%以上，口感细腻，甜度适中（可溶性固形物

22.5%），香味适中，风味佳。与主栽品种巴西蕉、桂蕉6号等相比基本一致。

⑤优缺点。与巴西蕉、桂蕉6号相比，宝岛蕉抗香蕉枯萎病、耐贮放；但生育期较长，花芽分化期与抽蕾期对温度较敏感。

栽培技术要点：

①育苗。选择健壮组培苗依据香蕉种苗繁育技术规程进行香蕉袋装苗假植。当苗达到出圃标准时，选择苗株健壮、无病虫害、无变异，达到5～8片叶，假茎粗≥0.9厘米，叶片宽≥6.8厘米，叶色浓绿，大小一致的优质香蕉假植苗移栽大田。

②园地选择。种植园选择正常年份无霜冻、避风条件好、阳光充足、坡度在20°以下的低海拔地方建园为佳。种植蕉园土壤要求土层深厚、结构疏松、有机质含量丰富、自然肥力较高的沙壤土或壤土，pH在5.5～6.5为宜。蕉园水资源需充足，蕉园地下水位1米以下，土壤不含有毒物质，排水性能好，远离病虫害严重的蕉园。

③整地与定植。在挖穴前要充分犁耙，使土壤表层土疏松细碎，捡净杂物及恶性杂草，对土壤进行除虫及消毒。定植及留芽时期根据不同地区而定，每亩定植130～180株。采用机械挖穴（面宽50厘米，穴深50厘米，底宽40厘米），每穴施5～8千克完全发酵的羊粪、猪粪、鸡粪等有机肥和200～250克磷肥（过磷酸钙或钙镁磷肥）作基肥。选择阴凉天气或晴天进行定植，回穴时将基肥与表土充分混匀后填入植穴。

④蕉园土壤管理。定植后前3个月进行少量土壤覆盖，采用人工除草。假茎高1.2米以上时，在晴天静风时喷洒化学除草剂或人工除草。结合松土时除草，宿根蕉园通常在早春气温回升后至发根前，进行中耕或深耕松土，同时挖出隔年的旧蕉头（球茎）。当蕉头（球茎）部分露出地面，及时培土。

⑤肥水管理。定植期（7～8叶）：施优质有机肥3.0～5.0千克/株作为基肥，基肥与土壤充分混匀；小苗期（9～14叶）：定植后抽1片新叶开始施提苗肥，施用高氮复合肥，每亩用量为3.0～5.0千克，共施3次；大苗期（15～21叶）：每亩每次施尿

素4.5千克、复合肥（15-15-15）4.0千克、氯化钾4.0千克，共施3次。每亩补充硫酸镁4.0千克、硫酸锌2.5千克、硼砂2.5千克；旺盛生长期（22～30叶）：每亩每次施尿素5.0千克、复合肥（15-15-15）10.0千克、氯化钾9.0千克，共施4～5次。每亩补充硫酸镁4.0千克、硫酸锌2.5千克、硼砂2.5千克；花芽分化期（31～37叶）：每亩每次施中氮高钾复合肥（15-5-25）15.0千克，共施4～5次；孕蕾期（38叶以上）：每亩每次施高钾复合肥（10-5-30）15.0千克，共施4～5次；果实发育期：每亩每次施复合肥（15-15-15）9.0千克、硫酸钾6.0千克，每7天施用1次。果实采收前20天停止施肥。

⑥树体管理。在香蕉营养生长期要及时割除吸芽以免吸芽与母株争抢养分；当香蕉上叶片黄化或干枯占该叶片面积2/3以上或病斑严重时，及时将其割除并清出蕉园。

⑦花果护理。当香蕉抽蕾时，经常检查蕉株，如花蕾下垂位置在叶柄之上及早校蕾，将靠近或接触花蕾的叶片绑于假茎上。在果指末端花瓣刚褐变时，选择晴天上午10时后抹花。每穗果保留6～8梳，割除果指太少或梳形不整齐的头梳果，疏除双连或多连果指、畸形果或受病虫危害的果指，最后一梳保留一个果指。在断蕾10天内进行套袋，套袋前对果穗喷施1次防治香蕉黑星病的杀菌剂。调整果穗轴方向使其与地面垂直，用竹子在抽蕾前进行立桩。

⑧病虫害综合防控。贯彻"预防为主，综合防治"的植保方针，加强栽培管理，优先采用农业防治、生物防治和物理防治措施，科学合理化学防治。严格执行国家规定农药使用准则及掌握用药安全间隔期，对花叶心腐、叶斑病、根结线虫病等主要病害和香蕉蓟马、象甲、交脉蚜等主要虫害进行综合防治。

⑨果实采收。果实成熟度为七成至七成半时，进行砍蕉、搬运、清洗、落梳、分梳、修整、分级、称重、保鲜与包装等采收商品化处理。在搬运过程中应做到果穗不着地，轻拿轻放，严格避免蕉果发生机械损伤和晒伤。

5.南天黄　从宝岛蕉的变异后代中定向选育而得，由广东省农业科学院果树研究所、中国热带农业科学院热带生物技术研究所、湛江海大种业科技有限公司、海南绿晨香蕉研究所，徐林兵等人选育。2015年通过海南省农作物品种审定委员会认定，认定编号为琼认香蕉2015001。

特征特性：南天黄香蕉（AAA Cavendish）是2002年从台湾香蕉研究所引进的宝岛蕉（新北蕉，Formosana，GCTCV-218）经过多代选育培育而成。南天黄株高2.5～3.0米，生育期300～400天，宿根期250～300天，营养生长期较普通香牙蕉略长10～30天。产量18～35千克（图3-7a），比宝岛蕉略高5%～8%。南天黄假茎（包括吸芽）外观颜色黄绿色类似中秆大蕉：茎色、叶色、幼苗（组培苗）紫斑色淡。假茎色、吸芽色、茎形、叶姿态、叶色等生物学外观特性，与母本宝岛蕉有较大的差异性。果轴光滑少茸毛同宝岛蕉。其稳定性和一致性也符合香蕉新品种测试指南的相关要求。南天黄较巴西蕉抗叶斑病、黑星病、花叶心腐病、叶边缘干枯、卷叶虫以及抗寒等。对枯萎病4号热带小种抗病性比宝岛蕉、农科1号等强，在枯萎病4号热带小种重病区发病率4%～18%，低于所有参试品种（品系）。南天黄是目前综合性状优良的抗枯萎病品种，目前最多连作达七造。其熟果皮色金黄带光泽（图3-7b），肉质较普通香牙蕉硬，可溶性固形物较普通香牙蕉高1%～1.5%，口感结实较甜。果皮蕉普通香牙蕉厚，货架期较香牙蕉长1～2天。可在我国各香蕉主产区种植。

图3-7　南天黄挂果（a）和果实成熟后表现（b）

栽培技术要点：

①新开荒地（未种植过香蕉地）可以直接种植南天黄，旧香蕉地轮作非芭蕉属作物2年以上可以种植南天黄。

②调节土壤pH至6以上，施足有机肥、生物肥作基肥。种植无病虫基质苗，种植时间避开霜冻时间抽蕾，需杀灭地下害虫。

③全生育期少伤根作业、少施无机氮肥。适时采收。

6.中蕉3号　以巴西蕉胚性细胞系为材料，通过辐射诱变、经田间单株选育而成，由广东省农业科学院果树研究所，易干军等人选育。2013年通过广东省农作物品种审定委员会审定，审定编号为粤审果20130006。

特征特性：植株长势旺盛，假茎青绿色，高2.83米，叶姿较开张，叶片较长而宽，果穗紧凑，果指微弯，平均长26.24厘米、粗（周长）12.74厘米、单果重177.03克。果肉浅黄色，肉质嫩滑、口感好，风味香甜，丰产性能较好，平均单株产量26.2千克，折合亩产3 144千克（图3-8）。生育期适中，生长周期340～350天，中抗香蕉枯萎病4号生理小种，在香蕉枯萎病重病区种植，田间平均发病率为25.08%。可在我国各香蕉主产区种植。

图3-8　中蕉3号挂果（a）和果实成熟后表现（b）

栽培技术要点：

①选择健康无变异种苗种植，株行距2.2米×2.5米，每亩种植110～130株。

②在未有枯萎病发生或轻微发生的果园种植。

③在冬季有低温冷害地区种植时应避免冬季抽蕾。

④抽蕾后选留健壮吸芽作为次年继代繁殖，早抽生的吸芽出土后及时挖除。

7.中蕉4号 以巴西蕉胚性细胞系为材料，通过物理辐射诱变后，从其后代中单株选育而成，由广东省农业科学院果树研究所，易干军等人选育。2016年通过广东省农作物品种审定委员会审定，审定编号为粤审果20160006。

特征特性：假茎绿色、锈褐斑多，叶鞘蜡粉很多，叶姿相对较直立，叶片较厚（图3-9）。新植蕉生长周期380～400天，肥水管理好的330～360天可以收获，宿根蕉与新植蕉收获周期间隔为10个月。田间表现高抗香蕉枯萎病1号和4号生理小种。可在我国各香蕉主产区种植。

图3-9 中蕉4号挂果（a）和果实成熟后表现（b）

栽培技术要点：

①选择土层深厚，土质疏松，排灌良好的肥沃壤土。种植前深翻土壤，下足基肥。

②选用种源纯正的组培苗；各地可根据香蕉的生长周期而定种植时间，但在冬季有低温冷害地区种植时应避免冬季抽蕾。

③抽蕾后选留健壮吸芽1～2个作为次年继代繁殖，其余吸芽出土后及时挖除。

④株行距2米×3米进行定植，每亩120～130株为宜。植株中后期，要立防风桩。

⑤病虫害防治与常规香蕉品种管理类似。

8.广粉1号　从汕头澄海农家粉蕉中选育而成，由广东省农业科学院果树研究所，黄秉智等人选育。通过广东省农作物品种审定委员会审定和农业农村部的品种登记，审定（登记）编号为粤审果2006009；国家登记号：GPD香蕉（2017）440001。

特征特性：

①植物学特性。

假茎：广粉1号粉蕉的假茎高度平均为4.26米，假茎基部粗度（周长）为95.0厘米，假茎中部粗度（周长）为63.7厘米，假茎黄绿色，无着色（图3-10a）。

叶片：叶片长度为2.34米，叶片宽度为79厘米，叶形比2.96。

果穗：果穗结构紧凑、长圆柱形，长度为75厘米，粗度（周长）为115厘米，穗柄长度为64厘米，穗柄粗度（周长）为23.5厘米，梳数最多可达13.6梳/穗，果穗8.5梳的总果指数为154根/穗；果形直或微弯，果指未饱满时与果轴平行，完全饱满时向上弯45°。

果指：果指长度为16.9厘米，果指粗度（周长）为14.1厘米，果顶尖，果柄长度为3.2厘米，果指棱角不明显，生果浅绿色，极少被蜡粉。

花穗：花轴垂直向下、裸露，雄蕾卵形；内表面颜色紫色，顶点颜色无微染黄色，外表面无褪色线外表面无褪色条纹，苞痕不明显，内面基部褪色情况整体纯色，卵形，一次举一片；雄花和苞片一起脱落；合生花瓣张开，紫红色，圆裂片黄色，极少发育；游离花瓣半透明，微染粉红色。

②经济性状。

产量：平均株产为29.5千克，比其他粉蕉品种高产13.0%以上。

品质：成熟果实果皮黄色、薄，遇擦压易变褐黑（图3-10b）；果肉主要为奶油色或乳白色，心室内壁果肉为黄色，果实可食率

79%，味浓甜，无香或微香，品质评价很好。果实可溶性固形物含量为26.5%，维生素C含量为23毫克/千克，可滴定酸含量为0.34%，蔗糖含量为9.00%，可溶性全糖含量为20.94%，春夏季果实质量更优。

图3-10　广粉1号田间生长（a）和果实成熟后表现（b）

生长周期：广粉1号粉蕉生长周期一般生长周期为15～17个月，早春2月底至3月初定植6～8叶龄试管苗，植株生长总叶数为47～50片，11月底至翌年2月抽蕾，翌年5—7月收获。

抗性：广粉1号粉蕉的抗逆性介于大蕉和香牙蕉之间。抗寒力比香蕉强，叶片可忍耐2～4℃的短时低温，但不耐霜冻；果实的耐寒力稍差。抗大气污染能力较强，抗风力比香蕉强，其假茎粗壮，假茎质地韧，根系较发达，较耐风。广粉1号粉蕉田表现感枯萎病，但抗叶斑病、黑星病、炭疽病、香蕉束顶病等。适宜广东省英德以南，广西桂南香蕉产区种植。

栽培技术要点：

①选地与整地。要选择无枯萎病菌蕉园，土层深厚，土质疏松，排水良好的肥沃壤土或黏壤土。种植前深翻土壤，下足基肥，坡地或旱田可低畦浅沟，水位高的水田种植一定要高畦深沟，最好一畦种一行。

②选择种苗。选用组培苗，假植育苗时不要污染枯萎病病菌，种苗在5～8片叶时可定植。

③种植时期。粉蕉全年均可种植，但以3—4月春植，6月夏植

及9—10月秋植价格较好，冬植要有防寒措施。

④种植密度。单茬栽培100 ～ 160株/亩。

⑤肥水管理。粉蕉施肥要以有机质肥为主，化肥为辅，化肥以钾、磷、镁肥为主，复合肥为辅，一般不施化学氮肥为原则。整个生育期每株施肥量：沤熟花生麸1.5 ～ 2.5千克，或等量效果的有机水溶肥；复合肥0.5 ～ 1千克，氯化钾0.5 ～ 0.8千克，普钙（或钙镁磷肥）1 ～ 1.5千克，硫酸镁0.2 ～ 0.3千克，肥沃土壤后期追肥宜少。注意防旱、防涝，保持土壤湿润。

⑥合理留芽。零星种植或疏植的粉蕉，可留第三路芽为继代株，早抽生的吸芽应在出土后50 ～ 80厘米高时除去，除芽时注意不伤母株根系，发现有5%以上枯萎病株的蕉园和大面积密植的蕉园最好不留芽。

⑦注意病虫害防治。重点预防枯萎病和软腐病。除上述有关栽培措施外，酸性土壤要调为弱碱性及中性。枯萎病发病株可用草铵膦注射打死，干枯后烧毁，病株残体及病土用福尔马林液消毒，病穴及附近的健康植株可撒石灰，挖除病株的农具也要消毒。

⑧土壤管理。应防止伤根，可用烯草酮、精禾草克杀尖叶草，草胺磷杀圆叶草和尖叶草。不间种瓜类、茄类等黄瓜花叶病寄主作物，防感花叶心腐病。

⑨保护果实。接触果穗的叶柄要移走或拉折防伤果；冬季抽蕾和挂果要套薄膜袋防寒。挂果株要立防风桩支撑果穗。

9.粉杂1号 从广粉1号粉蕉的偶然获得实生苗，由广东省农业科学院果树研究所、广东省中山市农业局，黄秉智等人选育。2011年通过广东省农作物品种审定委员会审定，审定编号为粤果审2011007。

特征特性：

①植物学特征。植株生长势中庸，植株较高。新植蕉高3.34米，宿根蕉高4.10米。假茎基部30厘米处茎围76厘米，假茎色中绿（图3.11a），内假茎色浅绿。吸芽近母株，直生。正常生长吸芽在抽蕾时高于母株。叶片长202厘米，叶片宽42厘米，叶面积较

小，叶面颜色绿色，光泽暗淡，叶姿下垂；叶鞘蜡粉少，叶柄基部有稀疏黑褐斑点。收获果指位置垂直果轴（图3.11b），果穗短圆柱形，果穗结构紧凑，果指双排且分生；果穗重一般12～18千克，高产可达30千克。果指顶端圆形、钝尖，果尖残存干枯的花柱花瓣，单果重约110克。收获时果指长度平均11.7厘米，果指粗10.6厘米；果柄长20毫米；有10%～15%果指连体，常2个果指连体，个别3根或4根连生。果实横切面圆或近圆，生果肉色奶油，成熟果实颜色黄（图3-12）。果皮无开裂，熟果不脱把。果皮厚1.5毫米。果皮易剥离。成熟果肉奶油色，心室内壁果肉为黄色，果肉质地软滑，果指外观综合评价好，果实可食率74.2%，货架期4～6天。成熟后期无梅花点。主要风味甘甜带微酸，香味微香。

图3-11　粉杂1号田间生长（a）和挂果（b）

②生物学特性。粉杂1号粉蕉要求环境条件较好，温度较高，不能有霜冻，光照较强，与一般粉蕉相同；但果期要求水分供给充足，湿度较高。粉杂1号粉蕉对土壤和气候的适应力较强，但要求土壤肥沃，雨天天气为好；

图3-12　粉杂1号果实成熟后表现

适于4号小种香蕉枯萎病和未种过粉蕉或过山香的蕉园种植。珠江三角洲下半年干燥、低温天气对果实发育不利，以上半年抽蕾结果的果实为好，下半年产出的果实产量品质不佳。新植蕉前期生长较缓慢，中后期生长较快，新植蕉生长周期一般14个月，受栽培技术影响有1～2个月差异。粉杂1号粉蕉高抗香蕉枯萎病，在有香蕉枯萎病4号小种的蕉园，枯萎病株发病率5%以下；中抗1号小种香蕉枯萎病，在有1号小种香蕉枯萎病的蕉园，枯萎病株发病率20%～30%；在未种过粉蕉、龙牙蕉等感1号小种香蕉枯萎病的蕉园，可宿根栽培。适宜我国香蕉主产区种植。

栽培技术要点：

①选地。要选择近几年未种植过粉蕉、过山香等感1号生理小种枯萎病的园地，要求土层深厚，土壤疏松，排水良好的肥沃壤土或黏壤土，不要选择沙质土，土壤pH 6.0以上。前作最好是番木瓜、番石榴、柑橘、香蕉。种植前深翻土壤，下足基肥，尤其是生物有机肥，可放入鸡粪1 000～1 500千克/亩。

②选用组培苗。假植育苗时不要污染枯萎病菌，种苗在5～8片叶时可定植。

③种植与留芽时期。该粉蕉组培苗以3月至6月上半年种植为好，吸芽苗种植在4月底至6月，控制在12月至翌年4月抽蕾，6—8月收获正造蕉，果实生长发育期在雨季，确保产量品质。应避免在6—9月抽蕾，易受高温和台风影响及果实发育不良。宿根蕉的留芽也应确保在12月至翌年5月抽蕾，6—9月收获，最好留春分至清明出土的吸芽，或留秋季出土的吸芽在春季刈芽再抽生吸芽。

④种植密度。宿根栽培种植密度行株距以2.8米×（1.8～2.0）米，每亩140～160株为宜；单茬种植或作为防风树种植的可密些，180～200株/亩。定植稍靠畦边，根系较透气。

⑤科学施肥。对有机肥、钾氮肥要求较多，施肥量比香蕉还稍多，为广粉1号的2～3倍，氮（N）400～500克，磷（P_2O_5）150克，钾（K_2O）550～700克。但最好以有机质肥为主，化肥为辅，化肥以钾、磷、镁肥为主，每亩最好基施鸡粪1吨，追施花

生麸沤肥1千克/株。也可施海状元生物肥等。

　⑥水分管理。该粉蕉植株虽然较耐涝耐旱，但以湿润生长较好，短时的浸水影响不大，故要选择水源充足的低地或水田种植或有灌溉条件的旱地蕉园；干旱季节应每月灌溉3～4次，无灌溉条件应加强土壤覆盖或保持沟底水层。

　⑦矮壮处理。在肥水条件良好的条件下，植株长至约1米高时，采用"矮得壮"处理一次，一个月后再处理一次。可增加假茎粗度，降低植株高度。

　⑧注意病虫害防治，预防枯萎病。除上述有关栽培措施外，酸性土壤要调为弱碱性及中性，可在整地时和植后4～5个月施入石灰各50～75千克/亩。

　⑨土壤管理。中后期一般不锄地松土，前期注重除草，秋冬季最好用稻草覆盖土壤保湿，有条件的可覆盖地膜地布保温保湿防草。可间种红葱、毛豆等短期作物增加收入。

　⑩保护果实。接触果穗的叶柄要移走或拉折防伤果；冬季抽蕾和挂果最好套纤维袋、薄膜袋防寒（内加无纺布、珍珠棉效果更好，春暖后采收前15天除去袋），也可用水泥袋。断蕾后要喷些果实增长剂及营养剂，提高产量和质量。挂果株要立防风桩支撑果穗，3—4月抽蕾的果穗蕉桩顶部要缚实果穗穗柄防断穗。一般依树势而定每穗留7～9梳，多余的尾部用刀切去，提高蕉果的质量。

　10.金粉1号　从粉蕉选取吸芽无性系进行组培繁殖育苗筛选育成，由广西植物组培苗有限公司，李贤高等人选育。2010年获得广西农作物品种审定，审定编号为桂审果2010005号，2014年获得云南省非主要农作物品种登记，滇登记香蕉2014001号。

　特征特性：金粉1号粉蕉是从南宁市坛洛镇马伦村选取的吸芽无性系中育成，基因型为ABB，由于粉蕉易感尖孢镰刀菌（*Fusarium oxysprum* f. sp. *cubene*，FOC1，1号生理小种）而得枯萎病（俗称黄叶病），因此建议不留宿根蕉，只种一造，然后换新地种植。第一代组培苗植株表现：假茎高4.6～5.0米，基部围径94～101厘米，茎形比7.6～8.2，假茎黄绿色，有光泽，有少量褐色斑，内层假茎浅绿，抽生吸芽6～9个，吸芽靠近母株垂直生长。叶片窄长，抽蕾后倒3叶的叶长237～250厘米，叶宽77～84厘米，叶柄长51～63厘米，叶形比2.8～3.2，倒10叶叶柄间距9.1～12.2厘米。叶姿开张，叶鞘有少量蜡粉，叶柄基部有稀疏或无褐色斑，叶柄有叶翼不干、抱紧假茎。蕉蕾苞片外层暗红色，苞片先端钝尖圆形，上卷脱落，果穗有时有个别苞片留在梳间干枯。穗柄黄绿色，有时略带紫红色，穗柄无毛。花穗轴向下斜生，果穗微斜呈长圆柱状，果指紧密，果顶尖。生果皮浅绿色（图3-13a），有些果指有少量不均匀蜡粉，果指横切面呈圆形，生果肉白色。熟果呈金黄色（图3-13b），过度黄熟后易脱把。抗寒抗风能力强，能耐轻霜，不抗重霜、雪，易感镰刀菌枯萎病（1号生理小种），易伤根的施肥方法易感病，不抗根结线虫，抗黑星病、束顶病、花叶心腐病，易招引卷叶虫和香蕉象甲虫，较抗旱但不耐涝。果皮薄，不耐长时间长距离储运，适宜广东、广西、云南及海南大部分地区种植。

图3-13 金粉1号田间生长（a）和果实成熟后表现（b）

栽培技术要点：

①选择排水通畅的平地、坡地或山地。土质最好为肥沃的壤土。小气候要求无重霜大霜、地势较高或平坦开阔较好。

②种植地宜深松一次或开种植坑，不宜沟植，平地应起畦种植。一般在8—10月种植为宜，第三年的3—6月采收。

③每亩种植密度80～100株，行株距规格为：（2.8～3.0）米×2.5米。

④金粉1号较抗旱，但在干旱季节要适当灌水，特别是在抽穗和果实膨大期，可滴灌或微喷，以水分充分渗透不产生径流为准，忌积水。水源以较为干净的井水、水库水、河水为佳。

⑤肥料种类宜以农家肥如腐熟猪牛鸡粪或麸肥为主，辅以复合肥、钾肥和磷肥。在抽蕾前的2个月，施肥方法可以用穴施、浅沟施，之后最好采取畦面撒施，有条件者也可采取滴灌、微喷施肥。基肥每株用量5千克农家肥＋钙镁磷肥0.5～1千克＋复合肥0.2～0.5千克，营养生长期（高3米之前）再施一次大肥，每株农家肥5～7千克＋复合肥100克＋钾肥0.2～0.5千克，平时追肥可以撒施，每株用量复合肥0.1千克＋钾肥0.05千克，20天1次，此外，抽蕾前要撒生石灰4～5次，每亩用量约15千克。抽穗后每次隔20天可撒施15-15-15复合肥0.1千克/株，淋溶即可，此时切忌穴施。

⑥正确的施肥方法、用肥量及灌水可以减少镰刀菌枯萎病的大发生，目前还未有适合的药剂防治。金粉1号抗叶斑病、黑星病、束顶病和花叶心腐病，断蕾后对果穗施用1 000倍液的甲基硫菌灵乳液防烟霉病。粉蕉容易受红蜘蛛、卷叶虫和象鼻虫危害，红蜘蛛可以用快螨特、螨危等喷叶背杀灭，卷叶虫在幼虫时一般用敌百虫可杀死，象鼻虫则可用毒死蜱，粉蕉也容易招致根结线虫，在施基肥时施入20克/株的阿维菌素颗粒剂或噻唑膦即可。

⑦建议对金粉1号抽生的吸芽用刀平地割除，最好不挖，以免伤根引起枯萎病。对发病植株建议由其自然枯死的方法处理，不去主动挖除。前期除草可以用草铵膦除草剂喷杀，而后期宜用人工拔除。

⑧由于粉蕉不抗枯萎病，最好只采用组培苗种一造，而不留芽种第二造，以免第二造发病率成倍增加而影响收益。留梳8～10梳即可，保证果指大小均匀，成熟早。在果指肥圆，棱角不明显时即可采收。

11.海贡蕉

从马来西亚引进Pisang Empat Puluh Hari（马来西亚名称：40天蕉）优选而来，由海南绿晨香蕉研究所、广东农业科学院果树研究所，张锡炎等人选育。2012年通过海南省农作物品种审定委员会认定，认定编号为琼认香蕉2012002。

特征特性：

2000年对从马来西亚引进Pisang Empat Puluh Hari 经过组培繁殖后在海南省、广东省进行品种比较试验，发现其具有抗香蕉枯萎病4号小种、生育期短等主要特性，所以决定组培繁殖并进行试验推广种植。该品种生育期是栽培香蕉最短的，从试管苗到大田按7片叶龄记起，最快28片叶可以抽蕾。苗期种植约7个月开花，抽蕾后40天左右可以收获（图3-14）。宿根蕉每3～5个月留1次芽，每年可以收获3

图3-14　海贡蕉田间生长

造。其抗寒性、抗叶斑病、黑星病、花叶心腐病较香蕉、贡蕉强。对枯萎病1号免疫、高抗枯萎病4号小种。个别植株一旦感病，通过肥水管理、土壤消毒、生物防治，叶片黄化速度减缓，挂果植株的果穗可以进一步饱满，获得一定收益，吸芽仍可以恢复生长。海贡蕉可作为枯萎病病区轮作品种，是香蕉产业可持续发展的重要补充。适宜在国内所有香蕉产区种植，包括发生香蕉枯萎病4号小种的地块。由于生育期在8个月内，也可以在纬度较高的北方温带地区少量种植。

栽培技术要点：

①选择排水通畅的平地、坡地或山地。土质最好为肥沃的壤土。小气候要求无重霜大霜、地势较高或平坦开阔。也可选择适

合种植香蕉、发生过枯萎病4号小种的弃耕土地；如果土壤为沙壤土，必须检查植物有无根结线虫，有根结线虫者不选用。或土壤熏蒸杀灭地下害虫后种植。园地应充分犁耙或用挖掘机全园深翻。深耕土壤后挖植穴施基肥。回穴时应施基肥，基肥应为充分腐熟的牛粪、猪粪、鸡粪、羊粪或土杂肥等有机肥和细碎的磷肥（过磷酸钙或钙镁磷肥等）。

②种植期可以在春季2—5月，夏季6—8月，秋冬9—11月种植。一般蕉园生产周期为2～3年，具体根据蕉园露头情况与产量、质量和经济效益等而定。

③采用6～10片新发生叶的营养杯组培苗；种植密度为180～230株/亩，根据不同的地理纬度决定密度，低纬度的内部可以种植230株/亩。

④在园地四周设总排灌沟，园内设纵横大沟并与畦沟相连，根据地势确定各排水沟的大小与深浅，安装排水灌水设备，以在短时间内能迅速排除园内积水为宜。做好蓄水或引堤水工程。水源不够应打井。应尽可能在蕉园内设置滴灌、喷灌或喷灌带等节水灌溉设施。在建设灌溉设施的同时把肥水一体化系统一起做好，以便提高肥料利用率和节约肥料及人工成本。

⑤种植前施基肥，每株2～3千克鸡粪肥或1千克生物有机肥。植后10～15天，组培苗抽出的第一片新叶完全展开后开始追肥，以后每7～10天施1次，共施3～4次，推荐每株每次淋施400倍尿素水溶液1千克；植后第二个月：每10～15天施1次肥，共施2～3次，推荐每株每次淋施200倍尿素或硫酸钾复合肥（15-15-15）水溶液约2千克。尿素与复合肥交替施用。植后第三个月：每10～15天施1次肥，共施2～3次，推荐每株每次淋施混合肥（尿素：硫酸钾=1：1）100倍水溶液约3千克，或撒施上述混合肥50～75克，有条件者采用灌溉式施肥。注意施肥量可逐月加大，但施肥浓度不宜过高，施用量不应过多。中期施肥（植后4个月至抽蕾前）：施壮蕾肥，目的在于壮蕾，提高花质。以施钾肥、氮肥为主，磷肥为次。每15～20天施1次肥。推荐中期施肥量为每株

尿素200克、硫酸钾400克和硫酸钾复合肥（15-15-15）200克，分6～8次施用。施用时尿素与硫酸钾（或硫酸钾复合肥）混合均匀后施用，多采用撒施或沟施，有条件者采用灌溉式施肥。后期施肥：（抽蕾后至采收期）施壮果肥，目的在于促进果实膨大，提高果实品质。主要施用钾肥和氮肥。分别在现蕾、断蕾和套袋后各施一次肥。推荐后期施肥量为每株尿素100克、硫酸钾200克、硫酸钾复合肥（15-15-15）150克，分3次施用。此外，还可结合病虫害防治喷施0.2%～0.3%磷酸二氢钾或其他叶面肥。宿根蕉施肥：每月2～3次灌溉水肥，每次每株硫酸钾（交替使用氯化钾）20克、硫酸钾复合肥（15-15-15）50克，撒施或沟施有机肥250克。

⑥病虫害防治。海贡蕉对目前海南盛行危害的香蕉枯萎病4号生理小种具有高抗性，这也是该品种最为突出的表现和值得推广种植的原因。但是较易感花叶心腐病、束顶病、炭疽病。对蚜虫、卷叶虫、象甲、斜纹夜蛾抗性与巴西蕉无明显区别。

⑦果穗管理。1）当植株抽蕾时，应校蕾、绑叶。2）现蕾几天后果指末端小花花瓣刚变褐色时，抹花。抹花有助于果指尾部的发育使之钝圆。3）疏果：每穗果选留4～6梳果为宜。应将过多的果梳割除；同时应疏除双连或多连果指、畸形果或受病虫为害的果指。果穗最后一梳果应保留一个果指。4）断蕾：当花蕾的雌花开放完毕，且若干段不结果的花苞开放后，即可进行断蕾。断蕾时用彩色绳子做时间标志以便统一采收批次。5）果穗套袋：选用无纺布袋、PE薄膜袋（厚度为0.02～0.03厘米）、珍珠棉袋或皇帝蕉专用纸袋等作为套袋材料；规格一般为（60～90）厘米×（45～60）厘米（长×宽），具体依果穗大小而定。套袋时间：断蕾后10天内完成。套袋前对果穗喷施一次防治香蕉黑星病的杀菌剂和防治香蕉花蓟马的杀虫剂。

⑧采收与包装。多采用目测果穗中部果指的周径和果皮颜色来判断果实的成熟度。夏季收获、需较长时间贮藏（1个月以上）、北运或外销者，采收成熟度以七成至七成半为宜；冬季收获或近销只需1～2天运到目的地的或作为加工原料者，也可适当迟收，

采收成熟度以八成为宜。采收时从砍蕉至运往包装房整个过程应做到果穗不着地，轻拿轻放，严格避免蕉果发生割、压、碰、擦等机械损伤和晒伤。果穗运往包装房后，及时进行清洗、落梳、分梳、修整、分级、称重、保鲜与包装、预冷、运输、贮藏、催熟等一系列香蕉采后商品化处理。

12. 桂蕉9号　桂蕉9号是从抗耐枯萎病香蕉资源中，应用重病蕉区大田筛选、组织培养芽变选育、盆栽接种病原菌选育、病区大田选育等相结合的方法，由广西壮族自治区农业科学院生物技术研究所、广西植物组培苗有限公司、广西美泉新农业科技有限公司，韦绍龙等人选育。2015年6月获得广西农作物品种审定证书，编号为桂审果2015008，2020年7月获得农业农村部植物新品种权授权，品种权号为CNA20183676.3。

特征特性：桂蕉9号对香蕉枯萎病具有较强的抗（耐）性；生育期比主栽香蕉品种桂蕉6号、巴西蕉等晚10～20天；中秆香蕉品种，1代蕉假茎高度为2.3～2.7米，假茎青绿色，（叶柄基部）有褐色斑块，基部内层呈红色或淡红色，幼小吸芽假茎红色或基部红色（图3-15a）；果梳整齐，果形美观（图3-15b）；产量中等，略低于主栽品种；催熟后成熟均匀，果皮呈鲜黄色，果肉乳白色，甜度适中，口感细滑，有香味。目前已在广西、云南、广东、海南等地推广种植。

图3-15　桂蕉9号田间生长（a）和挂果（b）

栽培技术要点：

①枯萎病区实施合理轮作2～4年。

②施足碱性肥料和生物有机肥料，调理改良土壤，例如亩施400～500千克的秸秆灰或草木灰，可取得较好的改良效果。

③确保充足水肥供应，特别高温干旱时，蕉园未封行前，保持根周土壤湿润。

④培育种植无病健康种苗。

⑤定期定量施用生防菌剂或菌肥，改善香蕉根周微生物菌群结构，提高植株抗病性。

⑥选择合适时间定植，广西以8—9月定植为佳。

（二）其他品种

1.大丰1号　从广东香蕉2号无性系选育而成，由广东省农业科学院果树研究所，黄秉智等人选育。2007年通过广东省农作物品种审定委员会审定和农业农村部的品种登记，审定（登记）编号为粤审果2007001；国家登记号：GPD香蕉（2018）440001。

特征特性：

①植物学特征。大丰1号香蕉的假茎高度平均为2.39米，比广东香蕉2号的高9厘米，比主栽品种巴西蕉略高5厘米。假茎基部和中部粗度分别为70.7厘米和49.8厘米，叶片的长度和宽度分别为210厘米和88厘米，叶形比为2.39，果穗长度和粗度分别为80厘米和123厘米，果轴长度为56厘米，这些性状与广东香蕉2号、巴西蕉基本相同；果轴粗度为22.4厘米，果穗的梳数为7.6梳/穗和果数为160根/果（图3-16），比广东香蕉2号、巴西蕉果数较多，果穗及果轴的粗度比广东

图3-16　大丰1号挂果

香蕉2号、巴西蕉的稍大，但差异不显著。大丰1号香蕉第二茬宿根蕉的假茎高度平均为2.96米，比主栽品种巴西蕉略矮4厘米；新植蕉和宿根蕉二茬平均假茎高度与巴西蕉相同。另外，大丰1号香蕉的果穗垂直向下，较近假茎；果轴直，常有几梳中性花，但无雄花及苞片残存（图3-17）。

图3-17 大丰1号花蕾

②生长结果特性。大丰1号香蕉的生长周期与主栽品种巴西蕉基本相同，在珠江三角洲蕉区3月种植6～8片叶龄的组培假植苗，9月上中旬抽蕾，12月底至翌年1月下旬可收获，新植蕉生长周期10～11个月；宿根蕉（与新植蕉的）收获周期间隔为8～9个月。生长周期比广东香蕉2号和巴西蕉多10天。

③果实经济性状。大丰1号香蕉新植蕉第二、中梳、末梳的果指长平均为20.9～21.1厘米（图3-18），比广东香蕉2号的明显长0.9厘米，增长4.5%，比巴西蕉的明显长1.0厘米，增长5.1%，差异均达显著标准；宿根蕉的果指长22.7厘米，比巴西蕉的明显长1.5厘米，增长7.1%。果指粗度为11.0厘米，与广东香蕉2号、巴西蕉相同。大丰1号香蕉的单果重为160克，比广东香蕉2号显著

图3-18 大丰1号果实成熟后表现

重21克，增加15.4%；比巴西蕉显著重17克，增加12.1%。大丰1号香蕉新植蕉的株产达22.2～22.9千克，比广东香蕉2号重2.3千克，增产11.6%；比巴西蕉重2.9千克，增产14.5%。大丰1号香蕉宿根蕉的株产为28.6千克，比巴西蕉重3.6千克，增产14.4%。肥水充足、果实发育生长期气温高时，大丰1号长果丰产的特性更加明显。大丰1号香蕉果指果顶尖至钝尖。果实可食部分含量为70.6%，比巴西蕉多4个百分点，比广东香蕉2号多5个百分点。

④果实品质。大丰1号香蕉果实的可溶性固形物含量并不高，比广东香蕉2号、巴西蕉、威廉斯略低；但可溶性全糖含量达18.03%，比巴西蕉、广东香蕉2号等香蕉品种高1.19～2.65个百分点（增高7.1%～17.3%），尤其是对甜度和丰味起主要作用的蔗糖含量较高，果实风味香甜。可见大丰1号香蕉具有果指长大、高产、优质的优点。

⑤抗性。大丰1号香蕉的耐寒性稍差，冬季低温期抽蕾，果穗的下弯生长稍差。建议避开在低温的冬季抽蕾，大丰1号香蕉感枯萎病、叶斑病和黑星病等。大丰1号香蕉的头梳梳形有时稍差，尤其是果穗喷植物生长调节剂时；断蕾后果穗套双薄膜袋（内窄外阔）防止因果实太重而下坠生长。适宜广东省香蕉主产区。

栽培技术要点：

①选地。与一般中秆香牙蕉要求相同，要土层深厚，土壤疏松，排水良好的肥沃壤土或黏壤土。园地宜在风害、寒害不严重的环境。新区或新园未发现枯萎病的园地。

②选苗。选用粗壮健康的组培苗、吸芽苗均可，建议采用12～15厘米直径育苗杯假植的8～12叶龄组培苗。

③种植时期以2—4月春植为佳，尽量不要在5—6月定植，以避免在低温的冬季抽蕾。

④种植密度为每亩120～140株为宜。

⑤肥水管理，对肥水要求较高。施肥要以有机质肥、化肥相结合，化肥以钾、氮为主，配合磷、镁肥等。要保持蕉园土壤润湿，注意排灌。

⑥合理留芽。可留第二、三路芽为继代株，早抽生的吸芽或多余的应在出土后20～30厘米高时用除芽钊除去。

⑦防寒和保护果实，要控制在10月底前抽蕾，挂果后要套薄膜袋防寒，最好里面加套一层珍珠棉或打孔薄膜袋（薄膜袋内窄外阔，防止因果实太重而下坠生长），一般不喷植物生长调节剂。一般依树势而定每穗留7～8梳，多余的在果穗尾部用刀切去，提高蕉果的质量。

⑧注意防风、防病、防台风、防寒，防叶斑病、黑星病、枯萎病等。

2.中蕉9号　由金手指（AAAB)/SH～3142(AA）杂交选育，由广东省农业科学院果树研究所，易干军等人选育。2017年通过广东省农作物品种审定委员会审定，审定编号为粤审果20170001；获得农业农村部植物新品种权，品种权号：CNA20151500.2。

特征特性：新植蕉生长周期12～14个月。假茎平均高度2.93米，基部粗度90.6厘米；假茎浅绿色，锈褐斑较少；叶片排列较分散、叶姿开张。果穗较紧凑，果梳和果指大小均匀，平均长22.5厘米、粗13.6厘米（图3-19a）；生果皮呈浅黄绿色，催熟后果皮呈深黄色（图3-19b）；果肉乳白偏黄色、口感软糯香滑，平均单果重183.2克。理化品质检测结果：可溶性固形物含量22%，可滴定酸含量0.33%，可溶性糖含量18.34%。田间表现不感香蕉枯萎

图3-19　中蕉9号挂果（a）和果实成熟后表现（b）

病1号和4号生理小种。可在我国香蕉产区种植。

栽培技术要点：

①选择土层深厚，土质疏松，排灌良好的肥沃壤土。种植前深翻土壤，下足基肥。

②选用种源纯正的组培苗；各地可根据香蕉的生长周期而定种植时间，以每年10月开始抽蕾，第二年5月前收完品质最好，尽量避免在夏季高温季节收获。

③株行距2米×3米进行定植，每亩120～130株为宜。植株中后期，要立防风桩。

④病虫害防治与常规香蕉品种管理类似，但需注意细菌性病害。

3.巴贝多香蕉　1979年由陈燮堂先生引自中美洲的巴贝多香蕉农场，1993年台湾香蕉研究所改良成功，命名台蕉2号，俗称巴贝多，由中国热带农业科学院热带作物品种资源研究所、海南蓝祥联农科技开发有限公司，魏守兴等人选育。2012年通过海南省农作物品种审定委员会认定，认定编号为琼认香蕉2012004。

特征特性：巴贝多香蕉株高2.3～2.8米，粗壮，抗风性好，叶片平均长度为190～210厘米，叶形比为2.17～2.29，叶型较阔大而稠密。巴贝多株产25～40千克（图3-20），果实品质中的可溶性糖18.65%，总酸0.59%，可溶性固形物22.4%，维生素C 70.40毫克/千克，固酸比50.49。巴贝多香蕉植株粗壮，果轴粗，叶片厚，抗风性强，蕉果掉把少，栽培适应强。生育期比巴西蕉约长15天。适宜区域：适合海南省南部昌江、东方、乐东、三亚等市县的香蕉产区种植。

图3-20　巴贝多香蕉挂果

栽培技术要点：

①园地选择。栽培地区宜选表土深厚、土壤肥沃、排水良好并有水灌溉；因不抗黄叶病，不宜在病园种植。

②开垦、整地与基肥。新垦园地应该根除茅草、香附子等恶性杂草，开垦深度要达60厘米，开垦时采取两犁一耙的方法。整地完毕后，尽量保持土块直径稍大，若犁耙过碎，容易板结。基肥以普通有机质材料为主，如腐熟的鸡粪、牛粪，以羊粪最佳。避免化肥及未腐熟的农家肥的施用。基肥一次播下，每株至少施用1千克。

③种苗的选择。采用无病毒、12片叶的大杯组培苗为佳。大苗具有高成活率、发育整齐及较好的抗病虫害等优点。

④种植时间和密度。种植时间比巴西蕉宜提前15天左右，每亩栽植密度为133～166株。

⑤施肥。后期追肥尽量通过灌溉设施，采取以水带肥的方式进行喷施。在土壤肥沃的蕉园，可免施磷肥，偏施钾肥。按土地情况每株施用复合肥（N：P：K=11：5.5：22）1～2千克，分5～6次施用，以适宜巴贝多香蕉的生长。

⑥病虫害防治。蕉苗下种后每隔半月喷洒一次防病药剂，并配以专治蚜虫的药物，可用50%抗蚜威、毒死蜱（乐斯本）等药剂喷洒于植株体及周围杂草上，每月防治一次。防治黑星病、花蓟马应及时喷药保护，在香蕉抽蕾后苞片未打开前，可用75%百菌清800倍液、50%甲基硫菌灵可湿性粉剂1 000倍液喷雾、乐斯本1 000倍液或10%吡虫啉2 000倍液。

4.南天红　南天黄突变单株定向选育而得，由广东省农业科学院果树研究所，许林兵等人选育。2019年12月获得农业农村部植物新品种权证，品种权号为CNA20180141.6。

特征特性：假茎高2.32～2.82米，最高可达3.0米以上，茎基部周80厘米，茎中周56厘米，茎秆较巴西蕉粗壮，假茎幼树紫红色成株抽蕾后转青绿色，叶鞘内假茎红至紫红色，幼苗（组培苗）紫斑色深、面积大，区别于南天黄和宝岛蕉等。假茎有光泽，把头绿色，色斑较多似巴西蕉，较宝岛蕉少。披白蜡粉，蜡粉少于宝岛蕉；叶片姿势较南天黄稍直立，较宝岛蕉开张。叶片宽大，厚度较巴西蕉厚。叶片中脉背部淡黄绿色披白蜡粉。春夏季吸芽抽出来的红笋，紫红色茎（区别于南天黄）。果顶钝尖。梳距较巴西蕉密集，略密于南天黄。果轴光滑少茸毛（同宝岛蕉、南天黄）区别于香牙蕉（图3-21a）。雄花苞片如宝岛蕉、南天黄较不容易脱落。果轴无、少茸毛，色较假茎深绿，花蕾紫红色较南天黄深（图3-21b）。梳距较巴西蕉密集，较宝岛蕉宽。较巴西蕉抗叶斑病、黑星病、叶边缘干枯、卷叶虫，抗寒性强于宝岛蕉。收获期较宝岛蕉、南天黄集中。果实经济性状与巴西蕉基本一致，收购价无差异，为抗枯萎病4号小种类型品种特有。生育期与南天黄相当或略长10天，在海南南部较巴西蕉长10～20天，在广东较巴西蕉长30～40天。适宜我国所有香蕉适种地区种植。

图3-21　南天红挂果（a）和蕾苞（b）

栽培技术要点：

新开荒地（未种植过香蕉地）可以直接种植南天红，旧香蕉地轮作非芭蕉属作物2年以上可以种植南天红。调节土壤pH至6以上，施足有机肥、生物肥作基肥。种植无病虫基质苗，种植时避开霜冻时间抽蕾，杀灭地下害虫。全生育期少伤根作业、少施无机氮肥。适时采收。

5.桂蕉3号　从台湾香蕉研究所的香蕉品种巴贝多优选而来，由广西壮族自治区农业科学院生物技术研究所、广西植物组培苗有限公司、广西美泉新农业科技有限公司、张进忠等人选育。2016年通过广西农作物品种审定委员会审定，审定编号为桂审果2016005号。

特征特性：中秆型蕉，组培苗一代株高为2.6～2.9米，比威廉斯稍矮20～30厘米；假茎粗壮，基部茎围80～110厘米（图3-22a），第二代以及后性状与第一代相仿；雄花苞片易残留在穗轴上。单株果重平均为27～33千克，平均果梳7～9把（图3-22b），商品率95%以上。经审核，该品种符合广西非主要农作物品种审定通则，通过审定，可在广西桂南香蕉产区种植。

图3-22　桂蕉3号假茎（a）和挂果（b）

栽培技术要点：

①对种植环境及肥水管理要求与威廉斯类似，不能在枯萎病区种植。②春植或秋植，种植密度每亩120～135株均适合，株行距2.1米×2.5米。③施肥量与次数与威廉斯类似，有机肥做基肥10～20千克/株，复合肥1～2千克/株，分5～6次施用。④种植区避免靠近豆类与瓜菜，以免受蚜虫传播病害。⑤需使用立杆支柱等防护措施。⑥冬季抽蕾的蕉果易采用三层套袋护果。⑦除吸芽宜保持与地面平切，以免伤害根系。

6.桂蕉7号　来源于玉林市福绵区成君镇白沙村香蕉园的一

株粗壮"小胖墩"矮壮植株，编号：AJ10，由广西壮族自治区农业科学院生物技术研究所、广西美呈农业科技有限公司，覃柳燕等人选育。2016年通过广西农作物品种审定委员会审定，审定编号为桂审果2016006号。

特征特性：假茎高度2.0～2.4米，茎基围60～80厘米；果穗长70～100厘米（图3-23a），每穗有由雌花发育形成的果指6～8梳，每梳果指数14～28条，果指长22～28厘米，果指外排外弧长度22～25厘米，八成熟果指粗度12.8～14.6厘米，果皮厚0.28～0.33厘米，每500克平均3～4条果指，株产22.1～26千克；果指微弯，果指排列紧凑，果梳排列整齐，果形美观，成熟后果色金黄色（图3-23b），甜度适中，香味浓。全生育期约12个月，生长期6～7个月后抽出叶片数达到35～38片，香蕉开始抽蕾，再经约4个月可收获。不同种植区域、种植时间其结果有一定差异，光温、土壤营养条件较好的地区其生育期较短。成熟的蕉果果皮由绿色、难与果肉分离转为金黄色、易与果肉分离，果肉由质硬味涩转为质软味香甜。可在广西桂南香蕉产区种植。

图3-23　桂蕉7号田间生长（a）和果实成熟后表现（b）

栽培技术要点：①选择终年无霜、土层厚度要求在60厘米以上，土壤疏松透气，pH 6.5左右的环境建园。②春植蕉在2—3月种植，秋季蕉在9—11月种植。亩植120～130株为宜，建议宽窄行定植以方便田间管理，株距1.6～2.0米，窄行1.7～2.0米，宽行3.0～5.0米。③每株基肥施放堆沤腐熟纯鸡粪5千克或肥力相当的其他有机肥，15-15-15复合肥150克、钙镁磷肥750克、花生麸250克，结合防治根结线虫病施放10%克线磷颗粒剂20～30克。追肥氮、磷、钾的比例为1：0.2：（3.3～4.4）。④加强香蕉果穗的校蕾、抹花垫把、断蕾、疏果；防倒伏、除草、培土、除芽与留芽等田间管理。⑤在断蕾后果指上弯，果皮开始转青时套袋，应在断蕾后10天内完成。⑥重点加强香蕉枯萎病、叶斑病、黑星病、鞘腐病和象甲、蚜虫、红蜘蛛、斜纹夜蛾、叶跳甲、卷叶虫、花蓟马的防控。

7. 桂红蕉1号

在广西南宁坛洛镇朱湖村的红蕉园中发现的一株产量高、品种好的植株，经取吸芽进行脱毒组织培养后，繁育出性状稳定一致的红蕉新品种，由广西壮族自治区农业科学院生物技术研究所，龙胜凤等人选育。2016年通过广西农作物品种审定委员会审定，审定编号为桂审果2016001号。

特征特性：生育期330～420天，生育期内抽出38～42张叶片，叶片偏向上生长，主叶脉浆红色；抽蕾期假茎高度380～430厘米，基茎围75～95厘米，青绿偏红（图3-24a）；根系较深，附着力强。果穗长60～90厘米，果穗5～8梳，每梳果指数14～20条，果指长9～20厘米；果指粗13～15厘米，平均单果重140～180克，果指较短，排列紧凑，果梳排列较整齐，成熟前后果皮颜色由紫红色转为绛红色（图3-24b），果肉乳黄色，口感酸甜细腻，酸甜可口，风味独特，稍有香味。抗旱，易感枯萎病、叶斑病及线虫。可在广西桂南香蕉产区种植。

栽培技术要点：①选择终年无霜，土层厚度要求在60厘米以上，土壤疏松透气，pH 6.5左右建立蕉园。②广西春植蕉在2—3月种植，

图3-24 桂红蕉1号田间生长（a）和果实（b）

秋季蕉在9—11月种植。亩植120～130株，株行距为：（2～2.2）米×2.5米，畦面挖坑种植，坑的规格为：长（宽）0.6米×深0.4米。③种植前每株基肥亩施入腐熟纯鸡粪5千克，15-15-15复合肥150克、钙镁磷肥750克、花生麸250克。④加强管理，进行校蕾、抹花垫把、断蕾和疏果。⑤在断蕾后果指上弯，果皮开始转青时套袋。

8.桂鸡蕉1号 在广西南宁市西乡塘区坛洛镇武陵村两木坡发现的鸡蕉芽变单株，由广西壮族自治区农业科学院生物技术研究所，黄素梅等人选育。2016年通过广西农作物品种审定委员会审定，审定编号为桂审果2016002号。

特征特性：植株较高大，基因型为ABB。组培苗一代蕉假茎高度为2.8～3.3米，假茎基围为65～73厘米，中部围径48～53厘米，假茎绿色，表面被白色蜡粉，叶柄基部有少量黑褐色斑或无斑块，内层假茎浅绿，吸芽靠近母株直立生长，每株抽生吸芽10～15个。叶片长圆形，叶姿较直立，抽蕾后倒数3叶的平均叶长200～260厘米，叶宽55～140厘米，叶形比2.7～3.0。叶面深绿色、叶背浅绿色、被白粉，叶基部对称，叶尖钝圆，叶柄长70～90厘米，外侧被白粉，叶柄基部有稀疏或无褐色斑；吸芽小植株叶中脉及叶背略带淡紫红色。穗状花序，长可达1米以上，穗轴无毛，花苞片卵形至卵状披针形，外侧紫红色，被白粉，内侧深红色，苞片先端钝尖圆形，上卷脱落。果穗呈圆柱形，果梳排列较整齐，果形美观，果指圆柱形，较短小，直或微弯，果指尾部钝尖，部分果顶有花器残存现象。果穗长65 ~ 100厘米，每穗7 ~ 14梳，每梳果指数15 ~ 22条，每梳果指数以16 ~ 19条居多，果柄长2.0 ~ 2.4厘米，果指长9 ~ 16厘米，7 ~ 8成熟果指粗度（周长）10.0 ~ 13.0厘米，平均单果重50 ~ 100克（图3-25a）。生果皮青绿色，果实横切面棱角不明显，生果肉白色；果实成熟后果皮金黄色（图3-25b），果肉黄白色，果皮厚0.11 ~ 0.24厘米。可在广西桂南香蕉产区种植。

图3-25　桂鸡蕉1号挂果（a）和果实成熟后表现（b）

栽培技术要点：①选择无霜、排水通畅土壤疏松，土壤pH 5.5以上的肥沃壤土建园。②一般在2—4月春植，或8—11月秋冬植种植为宜，当年12月至翌年的1—6月采收。每亩种植密度70 ~ 90株，行株距规格为：（2.8 ~ 3.0）米×2.5米。二代蕉通常每株可留吸芽2个。③在干旱季节要适当灌水，特别是在抽穗和果实膨大期，条件允许可采用滴灌或微喷，以水分充分渗透不产生径流为准，忌积水。④基肥每株用量5 ~ 10千克农家肥＋钙镁磷肥0.5 ~ 1.0千克＋复合肥0.5 ~ 1.0千克，追肥按"前促中攻后补"的原则，营养生长期（25 ~ 30片大叶期）再施一次大肥，每株农家肥5 ~ 7.5千克＋复合肥0.25千克＋钾肥0.25 ~ 0.5千克＋硫酸镁0.2千克；平时追肥可以撒施，每株用量复合肥0.1千克＋钾肥0.1千克，20 ~ 30天1次。抽穗后可增施复合肥及钙、镁、磷肥，淋施、撒施或埋施均可。⑤注意防治红蜘蛛、卷叶虫和象鼻虫危害。⑥除留作下一代蕉的吸芽外，其余吸芽长至10厘米左右需割除。⑦果实达到8成熟度、棱角不明显时即可采收。

9. 桂蕉早1号　源自桂蕉6号的变异单株，由广西壮族自治区农业科学院生物技术研究所，牟海飞等人选育。2016年通过广西农作物品种审定委员会审定，审定编号为桂审果2016004号。

特征特性：生育期为340～385天，假茎高度2.3～2.5米，基茎围70～90厘米，中茎围50～60厘米；抽生叶片30～33张，挂果植株的第3张叶叶长200～230厘米，叶宽80～90厘米，叶柄长30～50厘米，叶柄凹槽明显，叶翼明显，反向外，叶翼边缘呈红色；花蕾呈长圆锥形，成熟蕉果呈金黄色，果肉质软、味香甜。叶片长、宽比对照品种（桂蕉6号）短窄10～20厘米，叶形、姿态、叶色相同。果穗长70～110厘米，每穗有7～14梳，每梳果指数16～32条，果指长17～23厘米，果指微弯，果指排列紧凑，果梳排列整齐（图3-26a），成熟后果皮呈金黄色（图3-26b）。可在广西桂南香蕉产区种植。

栽培技术要点：①在终年无霜无病，土质疏松、排灌水方便的地方建立蕉园。种植株行距：（2.0～2.2）米×（2.3～2.5）米，

图3-26　桂蕉早1号挂果（a）和果实成熟后变现（b）

亩植120～135株。②在2—3月春植或在9—11月秋植。基肥每株施腐熟农家肥5千克，复合肥（15-15-15）150克、钙镁磷肥750克，并拌入防根线虫农药。③春植蕉营养生长期施肥量占总量的30%（包括基肥）；花芽分化期占总量的40%，抽蕾期占总量的5%，蕉果发育至成熟期占总量的25%。④做好校蕾、果梳抹花垫把、断蕾和疏果、果穗套袋、绑绳防风等工作。⑤在6—10月的高温生长季节，是叶斑病和黑星病的高发时段，用25%吡唑醚菌酯或25%丙环唑进行防治，褐足角胸叶甲、花蓟马用30%吡虫啉防治。

10. 红研1号　从我国云南省河口矮秆香蕉资源中通过自然芽变选育出的中秆变异品种，由云南省红河热带农业科学研究所，陈伟强等人选育。2015年获授权农业部植物新品种权，品种权号为CNA20110823.8。

特征特性：红研1号保持了我国原有河口原种矮秆香蕉的优良品质和主要农艺优良性状，产量超出当家品种巴西蕉和威廉斯亩产的1%～5%。该品种叶柄长度较短（比巴西蕉平均短12厘米左右），叶片长度也短（叶片颜色为深绿色，叶片较厚），叶柄基部斑块比较小，颜色为深褐色（图3-27）。该品种由于其茎干比较粗，植株为中秆类型相对较矮，山地栽培比较容易作业，抗风（倒伏）能力特别强。该品种比较适合在我国的广东、海南、广

图3-27　红研1号田间生长（a）和采收时果实（b）

西、福建等有台风及冬季温度相对较低的适宜香蕉栽培的生态区域种植。在云南省的河口县、屏边县、金平县、元阳县、元江县、景洪市、勐腊、勐海、马关、麻栗坡、江城县、个旧市的曼耗镇、保山市及瑞丽市等热带、亚热带的山地或山坡地上发展最佳。

栽培技术要点：山地或山坡地栽培可采用株行距2.0米×（2.4～2.5）米或2.2米×（2.2～2.3）米，平地栽培可采用株行距2.0米×（2.0～2.3）米；进行疏花疏果时，第1道蕉保留7～8梳，第2道蕉以后从带小果梳开始往上疏去2梳，每穗果的头梳蕉需要疏除2～3个果指。其他栽培措施可按威廉斯和巴西蕉等当家香蕉品种的正常管理来操作。

11. 红研2号   该品种从巴西蕉的组培过程中突变而来，由云南省红河热带农业科学研究所，陈伟强选育。2016年获授权农业农村部植物新品种权，品种权号为CNA20130729.1。

特征特性：红研2号香蕉植株的假茎（底色）为紫褐色（图3-28a），果轴（穗轴）的基部为紫褐色（约占整个果轴的1/3左右）（图3-28b），靠近果穗部位为绿色（约占整个果轴的2/3），叶柄基部无斑块，整个叶柄基部的颜色为紫褐色，叶中脉背部颜色为紫褐色，并且紫褐色是根据其光、温、水等种植环境条件变化而逐步上色。该品种产量比巴西蕉增产3%～5%，植株假茎的花青素含量比正常值偏高200倍，香蕉果实的花青素含量比正常值偏高20

图3-28   红研2号田间生长（a）和采收时果实（b）

倍左右，抗氧化能力增强，固该品种的抗衰老能力特别强。初步表现出植株高抗病毒病及（耐）叶斑病，中抗香蕉枯萎病（巴拿马病）。适合在我国的云南、广东、海南、广西、福建等沿海一带的高温高湿的生态区域种植。

栽培技术要点：平地栽培可采用株行距2.0米×（2.0～2.5）米（166～133株/亩），山地或山坡地栽培可采用株行距2.0米×（2.4～2.6）米或2.2米×（2.2～2.5）米（120～138株/亩）；进行疏花疏果时，第1道蕉保留7～8梳，第2道蕉以后从带小果梳开始往上疏去2梳。其他栽培措施可按威廉斯和巴西蕉等当家香蕉品种的正常管理来操作。

12.桂大蕉1号 该品种以柳州大蕉种质资源球茎为外植体进行组织培养进行筛选出育成，由广西壮族自治区农业科学院生物技术研究所，田丹丹等人选育。2016年通过广西农作物品种审定委员会审定，审定编号为桂审果2016003号。

特征特性：假茎粗大，植株生长较高，果梳数较少，果柄较长，果指具有5条明显棱线，果指较短，排列紧凑，果梳排列整齐，成熟后果色金黄色，甜度适中，略带酸味（图3-29）。假茎高度3.57～4.15米，基茎围85～110厘米；果穗长55～75厘米，果穗5～7梳，每梳果指10～17条，果柄长4～6厘米，果指长13～15厘米，组培苗全生育期360～400天。可在广西柳州、南

图3-29 桂大蕉1号成熟后果肉（a）和挂果（b）

宁、玉林、百色、钦州等香蕉产区种植。

栽培技术要点：①选表土深厚、土壤肥沃、排水优良地区种植。②春植或秋植，种植密度120株适合，株行距2.1米×2.6米。③施有机肥10～20千克做基肥，复合肥1～2千克，生育期内分5～6次施用。④避免靠近豆类与瓜菜，以免受蚜虫传播病害。⑤除吸芽宜保持与地面平切，以免伤害根系。

13.热粉1号　该品种利用海南兴隆本地粉蕉品种（*Musa paradisiaca* group ABB）的吸芽为繁殖材料，在组培过程中，通过体细胞突变获得变异单株，由中国热带农业科学院海口实验站、热作两院种苗组培中心，李敬阳等人选育。2015年通过全国农作物品种审定委员会审定，审定编号为热品审2015002。

特征特性：株高约3.8米，假茎粗壮，生长势强。全生长期400天左右，果实发育期60天左右（图3-30）。单果重120～147克，品质优良，商品性好，耐叶斑病，抗逆性较强。抗风能力较强，较耐寒，耐旱，抗叶斑病，不抗香蕉枯萎病，适应性广。可在海南省、贵州省西南部等华南热带、亚热带地区种植，有一定的耐旱、耐寒能力，在4℃以上气温能正常出蕾，对环境的适应能力很强。

图3-30　热粉1号挂果（a）和果实成熟后表现（b）

栽培技术要点：

①选地整地。热粉1号在海南一年四季皆可种植，生长周期

为12～14个月，为避开台风季节，宜在3月前后定植。因其植株高大，根系发达，种植选址以土层厚度60厘米以上，远离枯萎病地区，土质疏松、肥沃、排水良好的红壤或沙质土壤为好，土壤结团，pH 5.5～7.0，地下水位低的旱地种植为佳。定植前，深翻土壤30厘米以上，形成宽畦深沟畦垄。除去地中杂物及恶性杂草，暴晒2周。选用充分腐熟的农家肥拌以过磷酸钙作为基肥，每穴施用有机肥5千克左右，钙镁磷肥0.5千克，有机肥上回植一层表土。前茬没有种过香蕉、瓜菜、烟叶和茄科作物的土地，可减少香蕉病害的发生。已种过其他香蕉的土地必须进行轮作，轮作作物以水稻等水生作物为宜。

②种植方法。由于热粉1号植株粗壮，一般采用单行方式种植，若排水良好的蕉园也可采用一畦双行成三角形种植。平地株行距以2.5米×2.5米为宜，每亩种植100株左右；坡地株行距3.0米×2.5米，每亩种植90株左右，定植时注意淋足定根水。为防止地下害虫危害，定植香蕉试管苗时，可选用阿维菌素处理，使用方法是土壤用1.8%阿维菌素乳油，定植时用1 000倍液浇灌定植穴。在使用过程中如能混合腐烂的秸秆或稻草并覆膜，效果更佳。种植半月后，蕉园易杂草滋生，此时，可及时人工除草，或用有色薄膜覆盖，也可用除草剂除草，但尽量选用触杀性除草剂，并在无风天气喷药。定植3个月后，吸芽逐步长大，此时注意及时用镰刀割去不必留的吸芽，以减少不必要的养分消耗。

③水肥管理。热粉1号植株高大、根系发达，产量高，因此对营养的需求量也较大。在种植前，在种植穴内施高氮高钾型复合肥（20-5-20）或者通用型复合肥作为基肥，每亩施用40～50千克。定植后1个月，每亩追施高氮高钾型复合肥（20-5-20）15～20千克。定植后2个月，每亩追施高氮高钾型复合肥（20-5-20）25～30千克。生长中后期，香蕉长至23～24片、27～28片叶时，分别追施2次肥料，每次每亩追施高氮高钾型复合肥（20-5-20）45～50千克。在抽蕾期每亩追施高氮高钾型复合肥（20-5-20）50～60千克，施肥方法同生长中期。此外，根据热

粉1号的实际生长情况，适当进行根外追肥，使用浓度也应根据不同肥料种类和香蕉生育期而定，如幼龄期（7～12叶期）尿素0.4%～0.7%，成长植株至幼果期（22叶期至果实四成肉度）磷酸二氢钾0.3%～0.4%等，喷施时间最好在下午4时后。

④除芽与留芽。热粉1号定植后植株长到一定高度开始长出吸芽，为使养分全部集中供给母株生长发育，需在采收前，进行多次除芽。热粉1号除芽不宜使用传统的蕉锹，容易造成地下伤口感染枯萎病，宜用刀从地面割掉，再用尖锐铁钎插入蕉心，用力旋转，破坏生长点，然后滴2～3滴煤油即可防芽再抽出。热粉1号留芽在抽蕾后1个月开始，选择长势一致，株距适当，并不与果穗同一方向的健壮无病芽。

⑤病虫害防治。以农业防治和物理防治为基础，提倡生物防治。粉蕉病害主要有枯萎病、煤纹病、灰纹病、缘枯病、黑星病和炭疽病。重点防枯萎病，目前没有特效农药，只有通过在选择无毒种苗、合理灌溉和科学土壤管理的各个环节中预防。种植时注意根结线虫防治，中期注意斜纹夜蛾幼虫、象甲虫，后期注意蓟马等危害。香蕉卷叶虫、跳甲、蚜虫、斜纹夜蛾、网蝽、红蜘蛛等香蕉叶面害虫，用52.25%氯氰·毒死蜱1 000倍液或48%乐斯本800倍液喷施，香蕉象鼻虫可采用15%乐斯本颗粒剂400～500克/亩，1∶40拌沙或细土撒施于叶梢和蕉头，使用时注意安全，注意戴眼罩和口罩。热粉1号不抗黄叶病，为减少黄叶病的危害和蔓延，农业灌溉宜选用微喷灌或滴灌，不建议选用漫灌。发现香蕉病毒病和枯萎病病株时用草铵膦将病株注射死后，将病株控除清理就地焚埋，用石灰消毒。

14.矮粉1号　该品种以广粉1号粉蕉胚性细胞系为材料，通过辐射诱变选育而成，由广东省农业科学院果树研究所，易干军等人选育。2016年通过广东省农作物品种审定，获农业部植物新品种权证书，审定编号为粤审果20160005。

特征特性：新植蕉生长周期12～13个月。植株矮化特征明显，假茎平均高度2.35米，比对照品种广粉1号粉蕉矮1.73米，基部粗度107.5厘米，粗壮；叶姿较开张，叶距较短，为15～20厘米；果穗较紧凑，果指微弯，平均长17.6厘米、粗12.7厘米；生果皮呈浅绿色（图3-31a），催熟后果皮呈黄色（图3-31b）；果肉乳白色，味甜、微香、肉质优，平均单果重167.0克，可溶性固形物含量26.3%，可滴定酸含量0.34%，可溶性糖含量22.57%。可在我国香蕉产区种植。

图3-31　矮粉1号挂果（a）和果实成熟后表现（b）

栽培技术要点：①以吸芽为种源，通过组织培养无性繁殖获得种苗。②选择无枯萎病发生的新地种植，株行距2.2米×2.5米，每亩种植120～130株，注意避开低温期抽蕾。③抽蕾后选留健壮吸芽1～2个作为翌年继代繁殖，其余吸芽出土后及时挖除。④植株中后期，要立防风桩，增强抗风力。⑤施肥要以有机质肥为主，化肥为辅，化肥以钾肥、氮肥为主，配合磷肥、镁肥。水分管理注意保持土壤润湿，旱灌涝排。⑥注意防治枯萎病、花叶心腐病和花蓟马等病虫害。定植前施1次多菌灵减少枯萎病菌基数，定植后1个月内用多菌灵淋2～3次。

15.佳丽蕉　该品种由泰国品种Kluai Lep Mu Nang经过辐射诱变选育，基因型为AA，由广东省农业科学院果树研究所，许林兵等人选育。2019年12月获得农业农村部植物新品种权证书，品种权号为CNA20180144.3。

特征特性：该品种生育期是较贡蕉短，8～10片叶的大苗定植到大田，到收获需要按7.5～9个月计算。宿根留芽根据习性留芽，一年多造。佳丽蕉的叶片姿态较海贡蕉直立，种植密度为250～300株/亩。紫斑较淡，叶片较圆，叶距较密集。总叶数43片，出蕾前倒数第4片叶最大。佳丽蕉的挂果期3～6个月，根据季节、气候、肥水、树体健康状况（青叶数）、留梳数差异不同。佳丽蕉果皮较巴西蕉厚，果实自然成熟慢，果指可以长到750克以上（图3-32），所以要根据市场要求及时收获。抗风性与同类主栽海贡蕉没有明显区别。叶片较其他香牙蕉抗寒性略差。果皮色泽和香牙蕉没有区别。佳丽蕉耐旱性较海贡蕉、香牙蕉略弱，果轴下弯，较海贡蕉短，肥水高的果穗较长、大、重，果梳较整齐；佳丽蕉耐瘦瘠性较海贡不耐瘦瘠。佳丽蕉高抗香蕉枯萎病4号小种，对香蕉枯萎病1号小种免疫。适宜广东、广西、云南及海南的大部分地区种植。

图3-32　佳丽蕉挂果（a）和果实成熟后表现（b）

栽培技术要点：

①选地。选择排水通畅的平地、坡地或山地。土质最好为肥沃的壤土。小气候要求无重霜大霜、地势较高或平坦开阔较好。

②种植地宜深松一次或开种植坑，不宜沟植，平地应起畦种植。一般在8—10月种植为宜，第三年的3—6月采收。

③密度。每亩种植密度250～300株。

④排水及灌溉。佳丽蕉较抗旱，但在干旱季节要适当灌水，

特别是在抽穗期和果实膨大期，可滴灌或微喷，以水分充分渗透不产生径流为准，忌积水。水源以较为干净的井水、水库水、河水为佳。

⑤施肥。肥料种类宜以农家肥如腐熟猪牛鸡粪或麸肥为主，辅以复合肥、钾肥和磷肥。在抽蕾前的2个月，施肥方法可以用穴施、浅沟施，之后最好采取畦面撒施，有条件者也可采取滴灌、微喷施肥。基肥每株用量5千克农家肥＋钙镁磷肥0.5～1千克＋复合肥0.2～0.5千克。营养生长期（高3米之前）再施一次大肥，每株农家肥5～7千克＋复合肥0.1千克＋钾肥0.2～0.5千克，平时追肥可以撒施，每株用量复合肥0.1千克＋钾肥0.05千克，20天1次，此外，抽蕾前要撒生石灰4～5次，每亩用量约15千克。抽穗后每次隔20天可撒施15-15-15复合肥0.1千克/株，淋溶即可，此时切忌穴施。

⑥病虫害防治。易感叶斑病、黑星病、束顶病和花叶心腐病。容易受红蜘蛛、卷叶虫和象鼻虫危害，红蜘蛛可以用快螨特、螨危等喷叶背杀灭，卷叶虫在幼虫时一般用敌百虫可杀死，象鼻虫则可用毒死蜱，易招致根结线虫，在施基肥时施入20克/株的阿维菌素或噻唑膦即可。

⑦除芽和除病株。对发病植株建议由其自然枯死的方法处理，不去主动挖除。前期除草可以用草铵膦除草剂喷杀，而后期宜用人工拔除。

⑧留芽及采收。留梳8～10梳即可，保证果指大小均匀，成熟早。在果指肥圆，棱角不明显时即可采收。

16.桂蕉青7号　该品种源自桂蕉6号的变异单株，由广西植物组培苗有限公司、广西壮族自治区农业科学院生物技术研究所，赵明等人选育。2015年通过广西农作物品种审定委员会审定，审定编号为桂审果2015007号，2020年获农业农村部非主要农作物品种登记，登记编号为GPD香蕉（2020）450003。

特征特性：该品种基因型为AAA。假茎高度2.50～2.85米，基部粗度75～95厘米，中部粗度50～65厘米，母株及吸芽假茎均为青绿色，少有杂色，有光泽，对照桂蕉6号母株和吸芽假茎基色为绿色，间有红褐色斑。叶长205～220厘米，叶宽80～96厘米，叶柄长51～63厘米。叶姿开张，叶色绿，有光泽，叶背浅绿，叶面中脉浅绿色，叶背蜡粉中等，卷筒叶绿黄色。叶鞘蜡粉中等，叶片基部近圆形且对称，叶柄基部基本无斑块，叶翼边缘呈绿色或淡紫色，对照叶翼边缘呈红紫色。初蕾期（雌蕾）苞片外色为绿色或绿黄色，末花期（雄蕾）苞片外色为黄绿色，对照蕾苞颜色为暗紫红色。穗柄长度37～45厘米，穗柄粗度22～30厘米。果穗呈长圆柱形（图3-33a），结构紧凑，梳形整齐，果穗长度75～90厘米，果穗围度95～120厘米，果顶钝尖形，果顶花无残存，果指外弧长22～25厘米，果指内弧长16～20厘米，果指长18.0～22.5厘米，果指粗度11.0～14.5厘米，果柄长2.8～3.2厘米。生果皮绿色，熟果皮呈金黄色，果皮厚0.30～0.35厘米，成熟果肉象牙色（图3-33b）。在广西桂南、桂东南及右江河谷等香蕉种植区均可种植。

栽培技术要点：①蕉园选择在终年无霜、远离镰刀菌枯萎病病区、方便采收和运输、土质疏松、排灌水方便的平地。种植

图3-33　桂蕉青7号挂果（a）和果实成熟后表现（b）

株行距：（2.0 ～ 2.2）米 ×（2.5 ～ 2.8）米，亩植120 ～ 135株。
② 采用组培苗种植，可在9—11月秋植，或在2—3月春植大苗。
基肥每株施腐熟农家肥5千克，复合肥（15-15-15）150克、钙镁
磷肥750克，并拌入防根线虫农药。春植蕉定植后3.5个月为营养
生长期，施肥量占总量的30%（包括基肥）；3.5 ～ 5.5个月为花芽
分化期，施肥量占总量的40%，5.5 ～ 6.5个月为抽蕾期，施肥量
占总量的5%，6.5 ～ 11个月为蕉果发育成熟期，施肥量占总量的
25%。③一般选留7 ～ 9梳断蕾，头梳果指不足12个，尾梳果指不
足14个的，整梳割除。在断蕾后果指上弯，果皮开始转青时进行
果穗套袋。④ 6—10月的高温生长季节，提前做好病虫害的预防和
防治工作，喷洒吡唑醚菌酯800 ～ 1 000倍液、敌力脱800 ～ 1 000
倍液等农药防治叶斑病和黑星病，现蕾时对花蓟马可用吡虫啉等
农药灭杀。

第四章 香蕉规范生产及栽培技术

一、香蕉建园规范

（一）蕉园选地

香蕉比较理想的园地应选择在正常年份无霜冻，避风条件好、阳光充足的地方；地势开阔，土层深厚，结构疏松、透气性好，有机质含量高，土壤性质以壤土或沙壤土，pH 6 ~ 6.5 最为适宜（图4-1）；选择雨季排水良好，旱季水源充足的地块。例如有较大的河流、蓄水塘或水库、灌溉渠、出水量达25吨/时以上的深水井等（图4-2）。避免选用冷空气不易排出的低洼地，地下水位过高、排水不良的地方来建立蕉园；远离重病区，不在病虫害严重的蕉园附近建立新蕉园，特别是香蕉枯萎病等疫病严重的地区不宜种植香蕉，以免病虫害发生流行而造成失收。

图4-1　土层深厚结构疏松　　　图4-2　靠近水源或灌溉渠

平原地区蕉园，选择靠近河流或有灌溉渠等水源的平坦地区。应先行深耕，使土壤充分风化，再将畦面耙平，使无低洼或隆起，以防止畦面积水。然后将园地分为若干区，并按蕉园的排水要求加强排水设施的建设。此外，水田蕉园除了要重视排水系统的建设外，还要挖深沟起高畦，蕉苗要种在畦面，定植回土时要注意不留明显的植穴，以利于排水。除了蕉园内部排水外，一定要特别注意整个地块的总出水口一定要畅通。有不少水田在暴雨季节都会变成水淹地。

山地蕉园主要解决干旱，可选在高山的下坡或山势较平坦的地段。山坳阴凉、静风而湿润，同时由于高山上有水源，旱季可引水灌溉。下坡的冲积土，土层较肥厚、肥沃，可选向南或东南坡，以减少霜冻。坡度宜在15°以下的缓坡，容易做好水土保持的工作，如温湿条件较好的地方15°以上的山坡也可选用。在10°以上坡度的地段，须修筑等高梯田。开园时全面深耕30～45厘米。植穴宜在定植前一个月挖好，深70～100厘米。此外，除引水灌溉外，可将蕉畦长年覆盖，适时施肥，经常保持土质松软、湿润，满足香蕉根系对水、肥、气的要求。

云南省充分利用设施化农业的新优势，依照香蕉的生长空间交错性、生长时间顺序性和生理互补性，按照"乔－灌－草"群落结构，充分利用各种作物的特性进行合理搭配，开展"香蕉＋咖啡""香蕉＋玉米""香蕉＋豆类""香蕉＋金福菇""香蕉＋花生""香蕉＋辣椒""香蕉＋咖啡＋黄豆""香蕉＋咖啡＋绿肥"等不同群落套种栽培探索，发展特色农业立体种植模式（图4-3）。其中"香蕉＋咖啡"和"香蕉＋玉米"等套种模式在云南较为常见，通过间套种后可避免市场波动造成的风险，同时咖啡、玉米生长更好、病虫害较轻、品质明显提升。

图4-3　山地等高间作种植

（二）蕉园规划

1.道路规划　一个完整的蕉园必须有道路规划，以方便物资供应及香蕉采收与运输。标准蕉园须设有可通大卡车的主道路，以及可通拖拉机的支道路（图4-4）。

2.**包装车间规划** 标准蕉园建设应在主道旁配套建设采收包装车间，最好每300亩左右配套一个500米^{2}的采收包装车间（图4-5）。以方便就近采收和运输，在节省劳力的同时保护香蕉外观品质，采收包装车间应在香蕉收获前建设完成。

图4-4　蕉园道路规划　　　　图4-5　包装车间

3.**灌溉系统规划** 根据蕉园的地形及取水点来规划建设节水灌溉管道系统、水泵房及提水设施，应从节能观点选择滴灌或微喷灌等模式，并合理布局建设蓄水池与配肥池。以500亩蕉园为例，应在蕉园最高点处，挖掘长50米、宽20米、深3.5米的蓄水池，蓄水容量约3 500米^3，并用防水布铺设好，以保证旱季香蕉灌溉的充足供应（图4-6，图4-7）。

图4-6　蓄水池　　　　　图4-7　灌溉过滤系统

4.**主排水沟设置** 标准蕉园要根据地形和地貌的情况设置排

水沟系统，确保蕉园在暴雨季节能够及时排水。水田蕉园主排水沟规格：宽1.0～1.2米，深0.8～1.0米为宜，蕉园内每两行香蕉再设种植沟，并与主排水沟相连通（图4-8，图4-9）。

图4-8　水田起畦种植　　　　　图4-9　挖好排水沟

5.**防护林系统**　常风较大的地区应营造防护林，规格一般是30～50亩为一防护林段，树种以小叶桉等速生乔木树种为好，株距1米、行距2米。

（三）蕉园备耕

1.**整地**　整地一般是二犁二耙。耕地要达到这样的标准：一是深耕35厘米以上；二是耙平碎土；三是清除地块上的树木、杂草。

2.**开沟起畦、挖穴**　坡园地种蕉须开沟种植，在耕好的地块用开沟犁或人工开沟，沟深30～60厘米；水田种蕉要起畦种植，较好的做法有双畦植法，即每两行香蕉开挖一条排水沟，沟宽30～40厘米。香蕉种在畦上，以后结合培土逐渐加深排水沟以降低地下水位。此外，水田香蕉要设计安排好排水系统，如环田沟、总排水沟等，以防积水影响香蕉生长。

3.**安装灌溉系统**　实践证明，充足的水分供应是实现香蕉优质高产的必要前提，香蕉定植之前，一定要根据蕉地地形设计安装好灌溉系统。高产优质蕉园宜选用微喷或滴灌方式进行灌溉。这两种方式不但节约灌溉用水，更重要的是可防止水土冲刷，减轻病害传播，改变传统追肥方式、提高肥料利用率等。灌溉系统要于计划定植前1～2天安装完毕，以提高新植蕉苗成活率。

二、香蕉定植技术

（一）良种选择

优良品种必须具备良好的综合性状、突出的优良性状且没有明显缺陷，三者缺一不可。

1.综合性状优良　香蕉优良品种的综合性状包括果实品质、丰产性、抗逆性、耐贮性和货架期等，每个重要性状必须是良好或中等程度以上，这些是优良品种的基础。

2.优良性状突出　在综合性状优良的基础上，与同类品种比较，必须具备一个或以上的目前生产中急需的突出性状，如产量高、品质好、成熟期早、外观漂亮、耐贮运、货架期长等。

3.没有明显缺陷　优良品种不同于优异种质资源，优良性状再突出，如果存在一个明显缺陷的品种就不是优良品种。当然，优良品种的基本要求并不是不变的，随着时间变化、地点改变，市场对品种的要求也是改变的，优良品种最终需要市场来检验。

4.获得优良种苗的途径　香蕉是通过吸芽进行无性繁殖的，过去香蕉种苗主要是从老蕉园挖取吸芽，直接种植到新蕉园中，或将吸芽球茎切块消毒后置于苗床上培育成苗，再定植于大田（图4-10）。用这种方法比较落后、效率较低，不能满足香蕉产业快速发展对种苗的需求。目前，生产上普遍应用优质香蕉组培苗，因为组培苗苗相整齐，生长期一致，易于管理，便于销售。种植者应从经政府许可的组培苗工厂，以及正规的二级苗圃选购组培苗。要求组培苗要确保在10代以内，生长健壮，6～7片叶龄，叶色浓绿，苗相整齐，无病虫害，无变异（图4-11）。

组培苗是在遮光条件下培育的，对全日照条件有一个适应过程，因此要经过炼苗后方可进行大田种植。炼苗方法为：出苗圃后，将蕉苗放在有日照的地方，中午遮光，逐日增加日照时间，每天淋1次水，大约1周后，断水4～5天即可移植。

图4-10　挖取吸芽种植　　　　　图4-11　组培苗种植

（二）种植规格

香蕉常用的种植方式有两种：均行种植法和宽窄行种植法。均行种植法的株行距规格为（2.0～2.3）米×2米；宽窄行种植法株行距为（3.0～3.3）米×1.5米。为满足蕉园机械化需求，实现农用车及农用机械能在香蕉宽行行间行走，目前有一种超宽窄行的种植方法，超宽行行距5米，窄行行距1～1.2米，然后根据种植密度来调整株距。实践证明，宽窄行种植蕉园通风透光性能好，香蕉生长发育较快，可比常规种植提早20天左右收获。种植密度可根据蕉园的地形、气候条件及所选种的品种来决定，肥沃地、高秆品种宜稀些，肥力较差的地块宜密些，一般种植密度海南和云南产区为140～180株/亩，广东、广西和福建为110～130株/亩。

（三）种植规范

1.种植时间　在生产上，可根据各地方的气候特点来确定定植时间，主要考虑有效避开冻害和台风等自然灾害，瞄准香蕉价格比较高的季节上市。如海南植蕉区要考虑有效避开台风，可于4—6月种植，在种植当年的台风季节来临时蕉苗较小，台风的危害不大，翌年5—7月香蕉基本收获完毕，这个季节收获的香蕉不但可以避开台风危害，而且正值全年的水果淡季，香蕉的价格会比较高，利润率一般在100%以上。广东和广西等产蕉区的定植时间主要在9—12月，云南等产蕉区要以生产冬蕉和春香蕉为目标，定植时间主要在12月至翌年4月，以上时间定植的香蕉上市价格一般比较高。

2.种植方法

①挖穴。平地蕉园沿种植沟或畦面挖穴，采用人工挖穴或机械挖穴均可。穴的规格一般为50厘米×50厘米×50厘米，挖穴时表土放一边，以便混合农家肥加入穴中（图4-12）。坡地蕉园一般开沟种植，蕉苗直接种植于沟底即可。

②下足有机肥。高产香蕉一定要施足基肥，以利蕉苗早生快发，基肥要用有机肥，每个种植穴施入10～15千克优质腐熟的有机肥，建议使用生物有机肥，先回半穴土，将有机肥与土混匀后再回土至满穴。坡地蕉园开沟后有机肥可以按等距离施于沟底，拌匀后即可种植。

③定植。定植前一天先浇水，湿润20厘米土层。定植时期宜选在阴雨天或晴天的下午4时后定植。定植时要先去除育苗时用的营养袋（杯），并注意保持营养土的完整性，将苗轻放入植穴中，用碎表土覆在营养土周围，用手轻轻压紧营养土外围土层。定植深度以比原营养土高出2～3厘米为宜。定植完毕后立即浇一次定根水，定根水要浇透（图4-13）。盛夏时节应在苗周围插树枝遮

图4-12　种苗定植　　　　　图4-13　浇足定根水

阳，基部盖草保湿，减少水分蒸发，以提高定植苗的成活率。

三、香蕉二级组培苗培育

（一）建立苗圃

1.选择苗圃地　香蕉二级组培苗是指移植于装有育苗基质的育苗容器中的香蕉组培苗，经培育达到出圃标准可供大田定植的香蕉植株，移植于装有育苗基质的育苗容器中也称营养杯苗，因此，香蕉二级组培苗也称香蕉二级杯苗。香蕉二级组培苗出圃前需要炼苗。苗圃地宜选用开阔、向阳、背风、水源丰富、交通方便的平地或平缓坡地，以便淋水和运输；周围无茄科、葫芦科、豆科植物，避免靠近老蕉园，圃地与周边蕉园距离应大于2千米，且2千米范围内不应存放蕉株残体，以防病虫传染。

2.搭建育苗棚　搭建育苗棚的主要作用是保证一定的湿度，提高棚内的温度，为二级苗提供一个适宜正常生长发育的环境条件，同时隔离病虫（图4-14）。

①材料与规格。育苗棚材料可采用钢架或竹木结构，育苗棚可为单栋或连栋，单栋育苗棚长10.0 ～ 30.0米、宽5.0 ～ 8.0米，棚顶至地面高度2.5 ～ 3.0米，育苗棚两端留门（高1.5 ～ 2.0米、宽0.6 ～ 0.9米），门口设立长宽约50厘米缓冲间，缓冲间地面设鞋底消毒池。

图4-14　香蕉苗圃

②覆盖材料。育苗棚距地面<80厘米处配备36 ～ 40目的防虫网，距地面≥80厘米处的棚周及棚顶覆盖厚度0.08 ～ 0.10毫米的薄

膜。在距棚顶高30～60厘米处及大棚外表面各设75%～80%活动式遮阳网1层，具备条件的可采用电动遮阳网系统。夏季光照强时，采用2层遮阳网同时遮阴；冬季光照弱时，仅盖1层遮阳网或不盖。

③淋灌水系统。大棚内应安装自动喷水喷雾设备，或在育苗棚中部从入口处每隔10米装1个水龙头。

④其他。每15万～30万组培苗，需配备消毒池、清洗池、残体收集池、焚烧炉各1个，在苗圃入口处设置车辆、人员鞋底消毒池1个，每个育苗棚周边应设宽40.0厘米、深20.0厘米的排水沟。

3.配制育苗基质 育苗基质宜选择通气、透水性强、保水、保肥、利于根系生长，且经检测不带香蕉枯萎病病原菌Foc 4的椰糠或经高温完全发酵后的蔗渣、木薯渣的混合复配基质。从节省成本的角度出发，也可选用椰糠和无病壤土以一定比例配制营养土（图4-15），添加10%腐熟有机肥、0.5%过磷酸钙后进行杀菌、灭虫处理。

图4-15　以椰糠、红壤土为基质（1∶1）的香蕉杯苗根系生长

4.搭建苗床 在育苗棚地面按长5.0～10.0米、宽0.8～1.2米的规格铺设地膜后，起垄铺放基质作为苗床，畦高6.0～8.0厘米；或在距地面20～50厘米处搭建苗床（图4-16），苗床之间应保留至少40～50厘米的操作通道。育苗前，用4.5%的高效氯氰菊酯乳油稀释800～1 000倍，按2～2.5升/米^{2}用量喷洒大棚内外及苗床底部，或按30～40克/米^{2}的剂量撒石灰粉，进行消毒。

图4-16　搭建苗床

（二）移栽技术

1.选择优质苗　优质的香蕉一级组培袋装苗，培养基及材料无真菌或细菌污染；根系白、粗且有分叉，侧根及根毛具有3厘米以上的白色根2条以上；浅绿色假茎粗（直径）0.3厘米以上，基部不成钩状，叶鞘不散开；假茎高3.0厘米以上，2片以上绿色的平展叶，叶宽0.8厘米以上，生长正常无变异（图4-17）。这样的生根苗假植后成活率高，生长快。如果选择根系发黑、叶片黄色卷曲、假茎白色纤细的苗，则成活率低，恢复生长迟。

图4-17　香蕉一级组培袋装苗

2.一级组培苗炼苗　刚购回的香蕉一级组培袋装苗，叶片薄、叶色淡黄、生长细弱，应进行炼苗处理。把袋装苗放入大棚内，用筐子摆放，使其不倒下，有利于蕉苗受光（图4-18）。炼苗的时间可根据苗的颜色变化来判断，以叶色黄绿色转为青绿色为准。苗壮、光照足时则炼化时间短，否则需延长；蕉苗炼化时间也不宜过长，过长会徒长弱

图4-18　一级组培袋装苗炼化

化、老化，移栽后易枯萎，不易开根，恢复生长也缓慢。一般炼苗的时间为3 ～ 8天。

3.洗苗、分级和消毒　把炼好的组培苗开袋，苗上的培养基

用清水冲洗干净，再除去根部褐变的部分和一些老根，注意把粘连的壮苗掰开，但弱小芽苗不分开，可一起栽种，待长大后再拔出重栽。洗好的苗用0.1%的高锰酸钾或代森锌溶液浸泡消毒，然后进行分级，按大小分别装于塑料框中（图4-19），装满一框后盖上湿纱布保湿，以防失水萎蔫。蕉苗先在育苗盘培育一段时间后再移到育苗盘（图4-20）。

图4-19　袋苗清洗　　　图4-20　育苗盘培育小苗

4.移栽二级杯苗　育苗盘的蕉苗株高≥7厘米、长出3～4片新叶后（移栽后25～35天），及时剔除死苗，便可移栽育苗杯（图4-21）。育苗杯一般有10厘米×12厘米、12厘米×13厘米，两种规格；如果培育12～15片叶的大苗时，应选用14厘米×16

图4-21　移栽二级杯苗

厘米、16厘米×18厘米规格的育苗杯。育苗杯底部应保留1～3个直径2～4毫米的沥水孔。移栽前育苗杯填满基质，用木棍或手指于营养袋中央插一个洞，植下蕉苗，轻轻回土，并稍压实。栽苗适当深栽，可减少苗露头和倒伏。栽完后立即浇定根水。苗床周围应培土至袋高的2/3，或用大的托盘进行固定，防止育苗袋倒伏。根据杯内蕉苗的大小进行分级归类管理，出圃前无须再次换杯种植。

5.移苗时的注意事项

①注意移苗天气状况。移苗时最理想的天气状况依次为阴天、毛雨天、多云天气或晴天下午4时以后。最忌干热风或暴雨，应设法避开。

②注意保湿。准备栽种的各级幼苗应置于阴凉处，盖上湿纱布，定时喷水保湿，防止幼苗失水或发热闷苗。如果措施得当，洗净培养基的幼苗可保存24小时以上而不降低成活率。每栽完一床应及时淋定根水，避免幼苗失水萎蔫。栽后1周宜少量多次淋水，不宜淋水过多，否则不易开根，严重时根发黄，烂苗致死，应密切注意，避免过湿。

③适当深种。香蕉没有主根，由地下根茎长出不定根构成强大的须根系。根的新长出部位随地下茎的生长不断上升，因此宜适当深种。实践证明，深种明显优于浅种，深种易于保湿，利于新根发育，苗势旺，成活率也明显提高。

④避免机械损伤。香蕉组培苗在洗苗、分级、消毒和栽种等过程中，由于苗体十分幼嫩脆弱，易折断、易擦伤压伤，是导致死株的原因之一。因此，整个操作应仔细，用力要轻，尽量避免机械损伤。

⑤调节遮光度。香蕉二级杯苗移栽后1周内最适宜的遮光度是90%左右，尤其是高温干旱天气，高遮光度是保活的关键性措施。而苗期旺盛生长阶段较适宜的遮光度则为50%左右，既长得快又长得壮；如果遮光度为70%以上，则易导致徒长现象，假茎细长，叶片薄而脆。因此，荫棚下面临时加挂一层遮光网（遮光度50%）1周后拆去一半，2周后当幼苗第一片新叶完全展开时拆去另一半。

⑥注意冬春防寒和夏秋防雷暴雨。据观察在冬春季节温度低于12℃时，香蕉二级杯苗即出现寒害症状，轻则心叶冻伤，重则整株冻烂死亡，因此必须注意防寒。以每个苗床为一单元，架设拱形竹片支架，盖上6～8微米厚的透明聚乙烯薄膜，两侧用砖头

或板皮压紧，以方便开启和重盖。晴天时，白天可揭开薄膜增加光照，促进幼苗生长，夜晚当温度低于15℃时应盖好防寒。

据观察中雨以下的降水对二级杯苗影响不大。暴雨主要危害栽后1周内的幼苗。因其未开根或根未扎稳，易被暴雨冲倒，或浮头或滴溅造成机械伤，尤其是夏秋季雷暴雨多，降雨集中，冲刷力大，雨过天晴强烈的阳光易晒伤倒伏浮于袋面的幼苗，导致其死亡，有时损失十分严重，应采取得力的措施以防为主，可采用盖薄膜的方法防暴雨，但竹片支架应做得更加牢固，并做好一切准备，于暴雨来临之前紧急盖上薄膜防雨，雨停后揭开薄膜以防温度过高闷苗。

（三）苗圃管理

1. 淋水　淋水是苗期管理的中心环节。幼苗生长的快慢直接受水分供给状况的制约。水分充足则幼苗长得快，反之则缓慢或停滞，过湿则腐烂死亡。应根据天气状况和幼苗不同生长阶段确定淋水次数及每次淋水量。晴天或多云天气每天淋水2次，即早、晚各1次，早上在9时之前，下午在4时之后；如遇连续高温干旱天气，可在上午10—11时加淋1次；阴天及雨天则不需要淋水。初期幼苗弱小，对水分十分敏感，既不耐旱又不耐湿，宜少量多次，一般每天2次，每次淋水量不宜过多，以防过湿；中期幼苗生长迅速，需水量大，可适当加大淋水量；后期出圃前需控水炼苗，并逐渐减少淋水次数和淋水量，使幼苗生长趋于停滞即蹲苗，利于植后成活。

2. 追施薄肥　待蕉苗长出2片新叶后（15～20天），用0.1%复合肥（N∶P_2O_5∶K_2O=15∶15∶15）或磷酸二氢钾喷施；30天后改用0.2%～0.4%的复合肥（N∶P_2O_5∶K_2O=15∶15∶15）淋施或磷酸二氢钾溶液加200倍的乌金绿（主要原料：黄腐酸）等叶面肥喷洒叶面，每隔5～7天喷淋1次，根据蕉苗大小按每株20～40毫升的量施用。

3. 拔净杂草　由于营养土疏松肥沃，又经常淋水，易导致杂草丛生，而刚成活的幼苗又较弱小，很难与杂草竞争。尤其是雨季，杂草生长迅速，稍不留意幼苗易淹没于草丛中。因此，拔除杂草必须拔小拔净，以免妨碍幼苗的正常生长。一般经过两遍较严格的拔草即可消除草患。

4.间苗、补苗　幼苗生长到一定时间后，约有7%的植株会产生分蘖苗。当分蘖苗达3片叶时，可从母株分出另栽新杯。方法是：雨后或淋水后，左手按住母株头部，右手侧拉分苗，脱离母株后拔起，另栽到空杯中。或顺手栽到死、缺株的杯中作为补苗用，称为间苗。如发现有死缺株时应及时补上同龄苗，并加强管理，使同床内的幼苗同步生长，达到均匀一致。长时间淋水后或每次下大雨后，因冲刷露出根部、露根或倒伏的幼苗应及时重栽，另加一层细沙，保证幼苗直立、正常生长。如发现"高脚苗"，应整株拔起并捏断老茎后重新栽种。

5.适时分级　实践证明，袋苗适时分级能使整批苗更趋于均匀一致，能有效地提高壮苗率。移栽后40天左右，当大部分袋苗已长新叶4片，少数3片或5片时，应抓住时机及时进行袋苗分级。否则弱小苗的生长将因严重缺少阳光而受阻，无法达到出圃标准，在多雨季节易感染叶斑病或真菌性病害导致烂苗死亡。根据假茎粗度和叶片数等把袋分为大、中、小三级，并重新分床摆放，保证同床苗均匀一致，以便统一出圃。同时，因搬动育苗杯拉断了部分入地根，可以明显抑制超大苗的生长，便于装箱远运；而弱小苗则获得更加广阔的空间和充足的阳光，经加强淋水和追施薄肥可迅速转化为壮苗，从而显著地提高壮苗率。

6.灭蚜防病　香蕉两大主要病害束顶病和花叶心腐病都是病毒性病害，且都主要靠蚜虫传播。因此灭蚜防病工作十分迫切和重要，应定期喷药灭虫预防为主，这样才能有效地控制病害的侵染和蔓延，培育出无病苗。于栽苗前喷射苗圃地及周围10米内的范围，以后每隔10～15天全面喷药1次，可有效地控制病害的蔓延。如发现有花叶病株，应随时拔除并集中苗圃外销毁。

7.提高出圃率和壮苗率　提高出圃率和壮苗率是培育香蕉二

级组培苗时降低成本，保证质量，提高经济效益的最根本途径。提高出圃率的主要途径有：①采取综合措施，保证移栽成活率达95％以上。②精心培育头茬苗。③注意保护和充分利用分蘗苗。④及时补栽。

提高壮苗率的主要途径有：①荫棚的遮光率以50％左右为宜。②精心配制培养基质。③瓶苗洗净后应严格分级，并分床栽种。④充分淋水和合理追肥。⑤适时进行杯苗分级。⑥对弱小苗加强水肥管理。

（四）蕉苗出圃

1.二级组培苗炼苗 香蕉二级杯苗是在荫棚内培育的，对光照适应性差。如果突然移栽到烈日高照的大田，轻则灼伤叶片，重则晒死，成活率降低。因此，定植前需经炼苗，以提高组培苗对大田恶劣环境的适应能力，保证植后成活率。主要从两方面即控水和逐渐增加透光量使二级杯苗得到逐步锻炼。杯苗经分级后，已达出圃标准的壮苗应适当控制淋水，总的原则是叶片不下垂不淋水，同时应逐渐拆开遮光网，或似斑马纹拆除一半遮光网，1周后再拆去另一半，让袋苗在较强或全光照下得到锻炼，以叶色明显褪绿转黄，生长暂时停滞为宜。炼苗时间为1～2周，另外，也可把壮苗直接装箱后搬出荫棚外，淋透一遍水后控水炼苗，初期几天于中午适当遮阴防晒，5～7天后即可装车与远运，并立即植于大田。

2.剔除变异株 香蕉二级组培苗的变异株率一般在3％左右，大量的变异株严重影响种苗的纯度和商品价值。如何在出圃前剔除绝大多数的变异株是一项特别仔细和十分重要的工作，必须认真对待，严把质量关。变异株的常见形态特征主要有4种：①矮化型：该类型叶较短圆，叶片稍厚，色更浓绿，假茎较粗短，叶柄短，叶距更密。②窄叶型：该类型叶片较狭长，叶角较小，叶片较硬直向上，假茎较细，生长速度比正常株慢。③皱叶型：该类型叶片中脉两边往往大小明显，叶片尾部有明显皱纹，生长速度较慢，叶片横脉较粗。④卷心型：该类型心叶深卷久而不展，并有弯扭现象。以上4种变异类型占全部变异株的90%以上。其他的如叶片条状或斑状褪绿、叶片残缺畸形、双心植株等则较为少见。总之，只要发现其形态特征与正常植株有异的，都可能是变异株，因此要特别留意，随时发现随时拔除。如果一时分辨不清的，可以收集在一起，待苗长大一点时则较易识别。另外，一般长得快，能第一批出圃的，变异株较少；生长慢，第二批出圃的往往变异株的比例较大，要特别留心。杯苗分级和装箱时是剔除变异株的两个重要环节。必须密切注意，发现有异应立即抽出予以剔除。

3.优质苗的标准　蕉苗出圃时棚外温度应≥12℃。出圃种苗应健壮、叶片青绿且经检验无病虫害、无变异症状，达到2级以上标准（表4-1）。按下表要求分级后出圃，并填写香蕉二级组培苗（营养杯苗）出圃记录表。

表4-1　香蕉二级组培苗（二级杯苗）分级标准

项目	等级		
	大苗	1级	2级
新长叶片数（片）	10～15	6～19	≤5
假茎粗（厘米）	1.3～2	0.8～1.2	≤0.8
假茎高度（厘米）	19～30	13～19	10～13

四、香蕉灌溉施肥技术

（一）香蕉水分需求特点

香蕉是大型的草本植物，水分含量高，假茎含水量达82.6%，叶柄含水量达91.2%，果实含水量达79.9%，且叶片面积较大，蒸腾量大，因此对水分要求高。每形成1克干物质要消耗水分

500～800克。香蕉的需水量与叶面积、光照、温度及风速有关。强光、高温、低湿、风速大植株需水量大。

水分不足,香蕉生长受影响,轻则叶片下垂呈凋萎状,气孔关闭,光合作用停止;重则会使叶片枯黄凋萎,叶片变小,停止抽叶,接着假茎软化倒伏。另外香蕉根系好,透气性强,当雨季排水不良、土壤水分含量过高时,会造成氧气过少而影响生长。因此,保持土壤含水量在60%～80%最适合香蕉的生长。

(二)香蕉灌溉方式

1.微喷头喷灌　微喷头喷灌方式是一种比较先进的灌溉方式,能够有效地节水,还能进行水肥共施,提高生产效率(图4-22)。这种方式一次性投资成本较大,目前生产上应用还比较少。建议有能力的生产者大力推广应用。

2.滴灌带滴灌　用滴灌带进行滴灌是近年来发展起来的一项新技术,与以往的滴灌管滴灌方式相比更加实用,适合在香蕉生产中推广应用(图4-23)。滴灌管直径16毫米,管壁厚度3毫米,每30～50厘米留一个滴孔。在广西有些蕉园采用一行香蕉一条滴灌带,再加上地膜覆盖的方式,效果很好,深受生产者的欢迎。这种方式冬天除了有保水功能外,还有保温的效果。目前比较理想的方式是两行香蕉一条喷灌带、两条滴灌管,这种方式虽然增加一些投资,但在保证水分的足量供给,以及均匀供水施肥方面的优势十分明显,是香蕉节水灌溉技术的发展方向。这种方式既

图4-22　微喷灌溉　　　　图4-23　喷水带＋双管滴灌

节水、节肥、省力，又能够有效控制杂草的生长。

3.薄壁软管喷灌　薄壁软管喷灌方式是目前香蕉生产上应用得比较普遍的新型节水灌溉方式（图4-23）。这种方式既节水又便于水肥共施，又能有效提高蕉园的生产力，且一次性投资较低，受到生产者的广泛接受。

4.漫灌　漫灌方式是比较传统的灌溉方式，只适用于有公共水利灌溉设施而不用动力提水就能自流灌溉的蕉园。这种灌溉方式费水费工，且水、肥、土流失较大，现在使用此类方式的蕉园越来越少。标准果园不建议使用漫灌方式。

（三）香蕉养分需求特点

香蕉是速生高产草本植物，生长量很大，比其他经济作物需要更多的养分。管理水平较高的香蕉种植园每年单产都在3.0吨/亩以上，有些甚至达到5.0吨/亩。香蕉生长结果需要多种营养元素，而各种营养元素的需求量也有所不同，每吨香蕉果实养分含量约为：氮1.7千克，磷0.44千克，钾5.5千克，钙0.25千克，镁0.41千克。每公顷产蕉40吨的蕉园，则从土壤吸收养分约为氮79.5千克，磷20.1千克，钾240千克，钙12千克，镁16.5千克，而这些养分绝大部分是从土壤中原有的养分及栽培施肥供应的，所以要获得高产优质的香蕉须栽培于肥沃的土壤以及配合良好施肥管理。香蕉钾的需要量最多，约为氮素的3.7倍（2.2～4.6倍），其次是氮，再是磷、钙、镁，这5种元素是香蕉生长最关键的矿质营养元素，被称为大量元素，其中氮、磷、钾被称为肥料三要素。此外，香蕉还需吸收锰、锌、铁、铜、硼、钼等6种微量元素。由于营养元素不同，生理功能及其在植物体内的移动性不同，其缺素症状的形态特征和出现部位都有一定的规律性。因此，生产中可利用植物的特定症状、长势长相及叶色等外观特性进行营养诊断。

（四）香蕉主要营养元素

1.钾　香蕉植株含钾量居各矿质元素之首，所以香蕉也被称为喜钾作物。钾肥充足，植株表现球茎粗大，叶片较厚且较直立，寿命长，抗风力较强。钾在香蕉生长发育过程中的作用主要有：①作为多种酶的活化剂，促进多种代谢反应。②促进光合作用。③促进糖代谢及果实发育。④促进对氮的吸收及蛋白质、核蛋白合成。⑤增强细胞生物膜的持水能力，维持稳定渗透性，从而提高抗旱、抗冻、耐盐及对外界不良环境的抗逆性。⑥增强抗病性。⑦增加果皮厚度，提高果实品质及耐贮性。

缺钾症状：植株表现脆弱，易折；老叶出现橙色、失绿、早衰，叶片变小，抽生慢；果指数、果梳数变少，果变小，品质下降，不耐贮运。

防治：当蕉株已出现缺钾症状时，可叶面喷施0.4%硝酸钾，应视缺钾程度决定喷施次数。之后每年春季或夏季根部施钾肥，钾肥主要有氯化钾、硫酸钾和硝酸钾等。

2.氮　　氮是组成生物体的基础元素，对香蕉生长发育起着极其重要的作用。试验表明，氮对植株的影响比其他元素显著，缺氮时叶片抽生速度减慢，而缺乏其他元素只有轻微影响。氮在植株体内的主要作用是构成蛋白质、核酸、脱氧核糖核酸、酶、叶绿素、各种维生素。氮在香蕉植株体内不能贮存，当氮肥充足时，就会刺激香蕉快速生长。外部特征表现为植株叶色浓绿，叶片大、厚，茎色深，叶片抽生快，抽蕾快。

缺氮症状：叶色淡绿而失去光泽，叶小而薄，新叶生长慢，茎干细弱，吸芽萌发少，果实细而短，梳数少，皮色暗，产量低。缺氮叶片症状为叶片失绿黄化，尤其是老叶明显；其他症状表现为叶柄及叶鞘出现粉红斑点或黄色，生长停顿，呈莲座状。

防治：施用的氮肥有硝酸铵、硫酸铵和尿素，施肥量大约是每年每亩17千克。正常情况下，每年施氮肥3～4次，有条件的地方可结合灌水或下雨，每月追施1次较为理想；在干旱条件下，可用浓度为5%的尿素溶液进行叶面喷施。

3.磷　　磷在香蕉体内主要构成核酸、核蛋白、生物膜的磷脂、三磷酸腺苷，促进根系生长和光合作用，可增强植株对外界环境的适应能力及抗性。磷是可以移动的元素，在植株体内可以再利用，多数蕉园不缺磷。

缺磷症状：低磷供给阻碍了植株生长和根系发育，老叶边缘失绿，继而出现紫褐斑点，最后汇合产生"锯齿状"枯斑，受影响的叶片卷曲，叶柄易折断，幼叶深蓝绿色。

防治：由于磷容易被土壤固定，在土壤中移动缓慢，而香蕉根系分布较深，在缺磷防治中，往往采取磷肥深施，或与有机肥混合后施用。常用磷肥有磷酸钙（含 P_2O_5 16%～20%），碱性炉渣（含 P_2O_5 14%～18%）和磷矿石粉（含 P_2O_5 30%）。为了更快见效，也可叶面喷施0.5%～1%过磷酸钙浸液等，但必须多次喷施。

4.钙　钙在香蕉体内主要是构成细胞壁以及对蛋白质合成中的某些酶促反应等有一定的辅助作用。钙在植物体内是不移动的，缺钙的症状表现在幼叶侧脉变粗，接近叶尖的叶缘失绿。叶片衰老时，失绿会向中脉扩展，呈锯齿状叶斑。缺钙的果实品质差，成熟时果皮易开裂。

缺钙症状：缺钙最初的症状出现在幼叶上，其侧脉变粗，大约10天后，叶缘脉间，尤其是接近叶尖的叶缘开始失绿，继而向中脉扩展，呈锯状叶斑。4—6月有的蕉园还表现叶片变形或几棵没有叶片的叶子—穗状叶，蕉农称之为"烂叶病"或"扯烂旗"。在施回暖肥时施入钙肥，可以缓解这种现象。

防治：当蕉株发生缺钙时，可用0.3%～0.5%硝酸钙或0.3%磷酸二氢钙，在新叶期喷施数次；也可施用石灰质肥料，如石灰或骨粉，一般是全园撒施，每亩施石灰35～50千克。

5.镁　镁的作用是构成叶绿素，作为酶的活化剂参与促进新陈代谢及氮代谢作用。镁是活动元素，缺镁症状为老叶边缘保持绿色，而边缘至中脉之间失绿，叶片出现斑点，叶鞘边缘坏死，叶鞘散把。

缺镁症状：缺镁沿叶缘向中脉渐渐变黄，叶序改变，叶柄出现紫色斑点，叶鞘边缘坏死、散把。田间常见的症状是老叶边缘保持绿色，而边缘与中肋间失绿。镁不足，植株生长缓慢、叶的寿命较短。

防治：香蕉定植时要施足优质的有机肥料，发生缺镁严重的蕉园应适量增加钙镁粉的施用量。在植株开始出现缺镁症状时，叶面喷3%～4%的硫酸镁，生长季喷3～4次，有减轻病情的作用，缺镁严重的土壤，可施用硫酸镁，与氮、磷、钾或复合肥混合使用，或进行叶面喷施，以小量常施效果最好。

6.硫

缺硫症状：叶片失绿下垂，有时心叶不直，新叶主脉处出现交叉状失绿条带，叶片窄短，侧脉增粗。其他症状：根系生长差、坏死，果心、果肉或果皮下出现琥珀色。

防治：可施含硫的肥料，如硫酸铵、硫酸钾或单独施用硫黄。

7.锰

缺锰症状：叶片症状表现为幼叶叶缘附近叶脉间失绿，叶面有针头状褐黑斑，第2～4叶条纹状失绿，主脉附近叶脉间组织保持绿色。其他症状：叶柄出现紫色斑块，叶片易出现旅人蕉式排列，果小，果肉黄色果实表面有1～6毫米深褐色至黑色斑。

防治：可根施或喷施硫酸锰。但锰过量也会引致减产，可施用石灰解除锰害。

8.锌

缺锌症状：叶片条带状失绿并有时坏死，但仍可抽正常叶。其他症状：果穗小，呈水平状，不下垂，果指先端乳头状。

防治：清除缺锌症状以喷0.5%的硫酸锌见效快。

9.铁

缺铁症状：幼叶叶脉间大面积失绿。其他症状：果实小，生长缓慢。正常一株香蕉吸收铁总量大约只有1克，其中80%在生长期前半期吸收。

防治：可在叶面喷施0.5%的硫酸亚铁，但铁含量过高也会使叶边缘烧焦并出现黑色坏死。

10.铜

缺铜症状：叶片失绿下垂，有时心叶不直，新叶主脉处出现交叉状失绿条带，叶片窄短。其他症状：叶丛莲座状，生长停滞。

防治：缺铜植株易感染真菌和病毒。缺铜可用0.5%的中性硫酸铜液喷施叶面。

11.硼

缺硼症状：叶片失绿下垂，有时心叶不直，新叶主脉处出现交叉状失绿条带，叶片窄短。其他症状：根系生长差、坏死，果心、果肉或果皮下出现琥珀色。

防治：每株香蕉一生吸收硼约480毫克，土壤硼浓度适宜范围在0.000 01%～ 0.000 1%。每亩喷施80克硼砂水溶液足可防止缺硼症状出现。

12.钼　钼是构成硝酸还原酶的必要元素，还可增强光合作用，增加磷酸酶活性，增加体内维生素C的合成。至今未见记载过香蕉缺钼的症状，但喷0.000 4的钼酸铵溶液，可促进香蕉根系生长发育。

（五）香蕉施肥措施

香蕉是常绿果树，只要温度适合，一年四季都可以生长发育，因此周年都需要养分供应生长。但是香蕉在不同发育时期对肥料用量及种类的要求是有所不同的。目前，我国香蕉产区大部分处于亚热带地区，冬季有相对生长停滞的休眠期，施肥作业要根据气候及生长情况进行。

1.大量施用有机肥　大量使用有机肥做基肥和追肥，主要在花芽分化期即孕蕾期之前追施大量优质有机肥或优质生物有机肥，不但可以确保香蕉实现高产，同时还能改善香蕉的品质，提高抗逆性，延长保鲜期，显著提高产品的商品价值。有机肥可以保证各种香蕉元素的综合供给，提高土壤的有机质含量，培育良好的土壤微生物环境，形成有利于香蕉生长的土壤生态环境。

2.平衡施肥　香蕉对不同营养成分的需求有一定的比例，苗期对氮磷钾的要求比例为1∶0.5∶2；中后期对钾的需求量明显增加，氮磷钾的比例为1：0.5：3；同时还要注意补充各种微量元素，特别是老蕉园，由于香蕉对某些元素的定向消耗，会造成缺乏某些元素，因此更要注意补充微量元素。没有平衡施肥会导致香蕉生长不正常，如偏施氮肥的香蕉叶片明显变薄，叶斑病容易流行，果实不耐贮运，保鲜期和货架期都比较短。

3.少量多次　为了提高肥料利用率，提倡采用少量多次的原则，因此目前大多蕉园采用节水灌溉设备实行水肥共施，特别是正在悄然发展的滴灌带滴灌方式，能够对香蕉进行精准供水和施肥，使少量多次的施肥技术得到很好的落实。这种滴灌方式可以同时灌溉的面积是软管喷灌方式的5倍，水肥共施的效率更高，是今后香蕉节水灌溉技术的发展方向。

常用的施肥方法主要有以下几种：

①水肥共施。指将肥料溶解于配肥池中，通过喷灌系统进行水肥共施（图4-24）。标准果园都有喷灌系统，必须尽量采用这种施肥方式，既方便操作节省劳力，又能显著提高肥料利用率，控制施肥不合理造成肥料浪费，减少对地下水资源的污染。

②沟施。指沿香蕉叶片滴水线开沟，将肥施入沟内后混匀盖土（图4-25）。此方法适合于有机肥、易挥发性化肥的施用。在漫灌方式的蕉园为了防止肥料被水冲失，植株封行前也常用这种施肥方式。

③穴施。用尖木棍沿香蕉叶片滴水线插穴，将肥施入穴中盖土，其特点是少而集中，让肥效缓慢释放，适合于多雨季节对香蕉小苗期的化肥施用。

4.撒施　指将肥料均匀撒于香蕉根部周围的地面上，然后通过浇水来淋溶肥料，让肥料随水渗入土壤供给根系（图4-26）。此方法适合于具有喷灌系统的蕉园，漫灌方式蕉园在植株封行后，也可使用此法在雨后施用速溶化肥。

5.叶面追肥　指通过喷雾的方式对叶面进行施肥（图4-27）。由于叶的吸收水肥量有限，此方法常结合病虫害防治同时进行，用于补充香蕉对微量元素及各种氨基酸微肥的需求。

图4-24　水肥共施

图4-25　沟　施

图4-26　机械撒施

图4-27　机械叶面追肥

五、新植蕉园管理技术

（一）前期管理技术

蕉园前期包括香蕉的苗期、营养生长期两个时期，从香蕉种植后到第5个月左右，该生产管理的主要目标是保证全苗，调节平衡生长，主要内容有：灌水、追肥、补苗、除草、松土、防治病虫害等。

1.巡查苗　第1次巡查苗是在定植完毕的第2天，发现有漏种的要及时补种，浇水后歪斜的植株要扶正压紧，营养土露出土面的植株要回土压紧，如定植过浅可重栽。以后每隔10天巡查一次，大雨过后也要巡查。巡查时，发现被雨水冲埋的蕉苗要及时清土或补种，植穴中淹水或行沟积水必须排水，对排水不畅的地方挖深沟排水。冲毁的行沟要修复，必要时加沙袋阻拦行沟，避免水土流失。巡查蕉园的另一个主要目的是及早发现病虫害和弱小苗。

2.挖除病株　结合巡查苗同时进行，及时挖除带病植株，用石灰消毒病穴并翻晒再补苗（图4-28）。

3.补苗　管理过程中发现有死苗必须及时补种，有弱苗可在距植株20厘米左右补种一株来保证齐苗。

4.修水肥盘　平整植株周围，修半径30厘米左右的圆盘，便于小苗阶段浇水肥。

图4-28　挖除病芽

5.中耕除草　防除杂草是蕉园管理的一项重要工作，此阶段香蕉植株尚小，空地较多，灌水后容易生杂草。靠蕉头及株距间的草结合松土采用人工除草，行间的杂草可用机械结合中耕进行除草（图4-29）。不提倡使用化学除草，否则极容易引起伤苗或植株缓长。

图4-29　小型机械中耕

6.修整平台或起垄　根据地形进行平台修整或起垄（图4-30），坡地要做到蓄水保肥，水田地还应结合排水来进行。这是一项任务较重的工作，应增加临工量，尽量在较短时间内完成此项工作。平台的平整度或垄的修整情况将直接影响到以后的水肥管理。

图4-30 起 垄

7.水分管理 定植完后要及时浇一次定根水，定根水一定要浇透以保证蕉苗的成活率。以后根据天气情况来浇水保持土壤的湿润度。如是雨季应及时排水，此阶段小苗根系不发达，积水时间过长会影响生长甚至根系腐烂。

8.施肥技术措施 ①定植后的10天内属缓苗阶段，不需要施肥。10～30天内，每3天浇1次水肥，可施用0.3％的尿素水或其他液体肥。方法是全园浇少量水湿润土层，将水肥浇在圆盘内，每株2千克兑好的肥水，注意不要倒得过快，以免浇到蕉苗叶片及水渗透不及流出圆盘外。土壤较板结的要先松一下苗盘里的土再浇水肥。也可以采用根外追肥来喷施促进根系生长的叶面肥。②对长势稍弱或后补的小苗必须做好标记，采用调苗的方法增施水肥等，隔天一次。目的是让蕉园内的蕉苗生长期基本一致，缩短全园的采收期。③进入第2个月，可采用穴施、沟施或撒施法进行施肥，每株施氮钾配比为2：1的复混肥20克，每周施1次，也可采用市面上销售的高氮复合肥，随着植株的长大可逐渐增加到50克。④进入第3个月，应根据植株发育生长情况来适当给肥，均以少量多次为原则，建议每10天施肥1次，每次100克/株复混肥。氮钾的比例逐渐缩小至1：3.5。也可采用市面上销售的高钾复合肥，同时应注意补足钾的比例。

9.防治病虫害 香蕉前、中期病虫害主要以虫害为主，主要有蚜虫类、象甲类、螨类和线虫等需要注意防治。

(二) 中期管理技术

香蕉中期包括香蕉的花芽分化期（孕蕾期）和抽蕾期两个时

期，是指香蕉营养体与生殖体共同生长阶段到抽蕾的阶段。香蕉中期管理不仅是高产的关键，而且关系到香蕉的品质，甚至直接影响到香蕉的经济效益。因此，香蕉生长后期必须管理到位，措施到位，以确保香蕉高产优质。其管理目标是茎秆粗壮、抽蕾整齐、穗大梳多和防止叶片早衰。香蕉中期生产管理的内容主要是：灌水、施肥、防治病虫害、无伤采收等。

1.割除吸芽 进入中后期的香蕉，其母株会陆续长出吸芽，这些吸芽的长高与增多，会消耗母株的大量养分。当吸芽生长有15厘米高时必须尽早割除，并破坏其生长点以防其继续萌发（图4-31）。通常的做法是割除吸芽后用钻子从割面插入破坏其生长点。割除吸芽的同时顺带将靠近地面的枯老叶割掉并清理出园。

图4-31 割除吸芽

2.化学除草 进入此阶段可采用化学除草，除草剂可选用触杀型除草剂如草铵膦500倍液来喷杀行间杂草，靠近蕉头的杂草人工拔除。

3.挖除病株及变异株 结合巡查苗同时进行，及时挖除带病植株及变异株。变异株是香蕉种苗在组织培养过程中因基因突变而产生的，常表现为植株矮化、叶子厚圆或宽度变窄、叶缘波浪状有缺口。变异株抽出的果畸形、无商品价值，在生产上常将其挖除以节省管理费用。

4.蕉头培土 香蕉在生长过程中球茎（蕉头）会逐渐上升露出土面，必须及时对其培土覆盖，以利于香蕉根系从球茎上正常抽生。培土时一次不要培太多，应坚持露一点培一点的原则。

5.水分管理 此阶段香蕉植株生长迅速，叶面积也增大，蒸腾量较大，需要的水分较多，应加强水分管理。同时，雨季也要注意排水，做到始终保持土壤湿润，且没有积水即可。

6.施肥管理 香蕉生长中期已进入生殖生长期，根据香蕉生长发育特性，此阶段施肥要以钾肥为主。花芽分化前重施壮蕾肥，在植后120天左右，挖半圆形浅沟施：每株施生物有机肥2.5千克＋花生麸0.5千克＋高钾复合肥200克，施后回土时可结合中耕培土（图4-32）。花芽分化肥施用15天后，开始恢复正常施肥，依据少量多次的原则，最好进行水肥共施，定期补充液体生物有机肥和可溶性钾、氮、磷和微量元素等，可以根据植株的长势来决定施肥量与施肥次数。

图4-32 滴水线环沟施壮蕾肥

（三）后期管理技术

香蕉后期管理是指从抽蕾到采收的香蕉果实发育管理。此阶段的工作比较繁杂，也很重要，是直接影响到香蕉品质和商品价值的关键时期，因此这一阶段的管理也称香蕉品质管理。后期管理主要包括：校蕾、叶片整理、疏果、留梳、断蕾、抹花、套袋及水肥管理与病虫害防治，这一时期管理比较重要。

1.灌水 香蕉生产后期需水量较大，蕉园的水分管理应以保持土壤湿润为准，收获期可适当停水。

2.施肥 香蕉生长后期已进入生殖生长期，此阶段施肥应以钾肥为主。果实发育期间要施2次壮果肥，第1次在心叶期或见蕾时，每株施液体生物有机肥50克＋高钾复合肥100克；第2次在蕉果反梳完整，即约二成熟时，每株施液体生物有机肥30克＋高钾复合肥100克。壮果肥最好采用水肥共施的方式，将液体生物有机肥和速溶钾、氮、磷和微量元素等随水施用，这种方式简便又省力，可分多次施用。标准果园都要求配套节水设施，可以多采用水肥共施的施肥方式。

六、宿根蕉园管理技术

宿根蕉园是指在香蕉采收后或台风危害后，继续留芽生产的蕉园。在海南也有通过吸芽留植来达到两年三造的，但是因受台风的影响及日益加重的病虫害的威胁，这种栽培方式并不多见。

（一）香蕉留芽

1.留芽时间　一般综合本茬香蕉的采收时间及下茬预期收获时期，决定选芽、留芽时间，如不选季节，则可在采收后或风灾后立即进行。

2.吸芽的种类及性质　香蕉以吸芽繁衍后代，继续开花结果，在有霜的地区香蕉的留芽在栽培管理上是一项比较复杂、技术性较强的措施。留芽不当，可能造成减产、缩短香蕉园经济寿命。在同一母株发生的吸芽，按其着生位置及抽生次序，可分为下述4种：

①头路芽（亦称母前芽、正芽）。母株开始抽大叶时，即开始萌发吸芽。头芽为母株首次抽出的吸芽，且只有一个。其发生位置多与花序轴抽生同一方向，又因位于母株之前，亦称母前芽。对母株影响较大，常将它沿地面铲除，亦不用作繁殖材料，以免伤及母株。

②二路芽（侧芽、角芽、八字芽）。这是成长中母株第二次抽生的吸芽，离地面较头路芽浅，组织不结实，色鲜红。初发时即对母株依赖不大，且较头路芽生长快。一般多用它接替母株。

③三路芽、四路芽。从母株抽生的第三、四个芽称为三路芽、四路芽，照此类推。发生位置依次较浅，最后萌发的背芽（着生位置与花序相反），露出地面。这些芽初期生长快，但后期生长慢，根少，易受风害，如非必要时，一般不宜选其来接替母株，但可用作繁殖材料。

④"隔山飞"（即母后芽）。在残桩旧头上萌发，这种芽因为抽生在残桩及新母株之后，以此名形象称之。此芽一般不用来接

替母株，但生长较壮的"隔山飞"是秋植的很好种苗。植后成活率高。在必要时，也可留作母株。

3.留芽方法　蕉株定植后，经一定时期的生长，重新形成一个球茎。同时在旧球茎发生吸芽，这是第一批发生的吸芽，有一个或数个，都是很快生成小圆阔叶片，类似残留的旧球茎发生的吸芽。留此吸芽，可防止蕉株的地下茎过快露头，特别是多造蕉和单造蕉都应选留这个吸芽才能保证第2年收两果实，也能保证以后生长正常，能及时紧凑发生吸芽，在肥水充足情况下，收获第1次果实时，它已接近抽花序了。

多造宿根蕉株数较多，首先考虑选留的吸芽要有适当的空间和土壤营养面积，选择远离母株球茎、没割除过的健康新发吸芽。如母株还没采收，不选果穗下方的滴水芽，避免吸芽长大后擦伤母株果穗。选留芽时，每个母株可选留双株吸芽，待吸芽发育进入营养生长阶段后，再根据整园的平衡度选留其中的一株（图4-33）。一个单元的蕉园应由一个人来选取，目的是让所选留的吸芽评判标准较一致，利于保持下茬蕉园的生长平衡度。留芽原则是"秋冬留头芽，春夏留二路芽"。

图4-33　二路芽、三路芽

4.除芽　选定所留吸芽后立即除去其他吸芽，当其他吸芽长到20～30厘米高时要及时割除。常用除芽方法有两种：①用特制除芽器把吸芽生长点破坏或整个芽切除再回土。②用镰刀齐地面割除吸芽，再用尖硬物从割面插入破坏其生长点。

（二）蕉园清理

1.清园　从离地1.5米左右砍断已采收的母株，将母株假茎及割除的吸芽堆放在行间，喷洒生物菌剂以加快茎叶分解，减少病虫害发生。留芽完毕后必须尽早清理蕉园，以便植株残体得到及时处理，变为有机肥回田。

2.土壤消毒 清园后，每亩撒用100千克生石灰来消毒及中和土壤酸性，翻耕蕉园行间杂草晒园（图4-34）。2周后再用生物菌剂喷洒母株残茎及土壤来加快残体分解，增加土壤中的有益微生物，减少病原菌。

图4-34 撒生石灰

3.挖除旧蕉头 当吸芽长出功能叶后便可将旧蕉头挖除。如原来留有两株吸芽的，在挖旧蕉头的同时也将其中的一株挖除，注意保留全园生长期相对一致的植株。

（三）水肥管理

1.土壤耕作 一般在冬季寒冷过后早春回暖、新根发生前，进行一次深耕，增进土壤的透性，为地下部分创造良好的生活条件。深耕过早易遭受冻害，过迟影响根群生长。耕作深度以15～20厘米为宜。离植株50厘米以内可浅些，以防伤根。中耕除草每年可进行5～6次。春季在雨后结合除草，进行浅耕；夏季高温多湿，根系密布于表土，耕作要浅些。秋后，一般雨水减少，杂草不易发生，可根据具体情况进行中耕。

2.施肥 留好吸芽后的母株处在衰退状态，其球茎所贮藏的养分将转向吸芽。因此只在吸芽功能叶形成时每株沟施6～8千克有机肥便可。开沟位置须在须根易吸收到之处。用"肥随芽走"方法，即在离吸芽15～25厘米开一半圆浅沟，如未有吸芽的，可在准备留芽的位置施肥，称为"以肥引芽"。施肥后覆盖薄土，以防流失。夏季高温季节，根群满布全园，液肥施用可结合抗旱薄施。在山区较倾斜的山地，应注意在植株根际的上方开浅沟施下，以免流失。施肥位置需要轮换，以利根系吸收。此外，在植株生长过程中，可在叶片或幼果上进行根外追肥，尤以在植株生长后期表现出缺绿时，喷洒磷钾肥液，效果甚佳。

3.培土　香蕉植株抽生的吸芽，逐年上移，所以每年对吸芽进行培土，除了有助于生长之外，更有延长蕉园结果年龄，防止植株露头、倒伏等作用。在西南地区，多结合中耕、除草，将铲下的草皮泥土培覆在吸芽根茎附近，兼有施肥、防寒作用。山地因水土流失易露根，更应注意适当培土。

4.灌溉与排水　吸芽阶段的根系不发达，吸收能力有限，主要还靠母株来供应水分及养分。在水分方面保持土壤湿润但不积水。留芽进入旺盛生长的时期，需要水分较多，当水分不足，易引起叶片早衰，减产；但又忌积水及地下水位过高。充足的水分供应是香蕉优质高产的关键。在旱季时，如能进行灌溉，远比施肥重要，若久旱不灌溉，花轴不能抽出，有碍结果；雨季又要排水，如土壤30～65厘米处发现有水，即表示水分过多，须及时排出。积水地香蕉生长不良，叶色较浅。我国南方香蕉产区雨量充沛，但分布不均匀，春夏多雨，秋冬干旱，故做好蕉园排灌渠道很重要。平地蕉园，在雨季前修好排水沟，以防止畦面积水。山地以沟灌或轮状灌溉为宜，如没有灌溉条件，可结合修整排水沟时，在沟内分段贮水，使水渗入梯级土层中，加强秋季抗旱能力。如能结合覆盖，则对防旱保湿效果更好。

七、香蕉果实护理技术

(一) 果实护理的意义

随着市场对高品质香蕉需求的日益增加，消费者对香蕉外观品质也提出了较高的要求，引起香蕉生产者对香蕉外观品质的重视，而香蕉果实护理技术和无伤采收技术是提升香蕉外观品质的关键技术。果实护理包括校蕾、叶片整理、疏果、留梳、断蕾、抹花、套袋、标记及垂蕾、立杆护蕉等工序，特别是套袋技术可以防寒保温，改善果面色泽，干净鲜艳，提高果实外观品质；有效地防止病虫害危害，提高好果率；避免农药与果实的直接接触，降低农药残留，提高果实的安全性；防止果实日灼病的发生，增进品质。

（二）果实护理的方法

1.校蕾　校蕾是在香蕉初蕾期，将顺着叶柄生长而压在叶片上的蕾苞，轻轻地调整到两张叶柄的间隙，让其自然下垂，目的是避免其继续伸长压折叶柄而造成掉蕾（图4-35a）。具体方法是用木叉将蕾苞轻轻顶起，缓慢移位到两张叶子间隙，让蕾苞从叶子的间隙自然下垂。校蕾时动作要缓慢，避免校蕾过程中出现掉蕾。

2.叶片整理　在蕾苞下垂继续伸长时期，将可能触碰到果穗的叶片移开，其目的是不让叶片擦伤蕉果。对严重影响到果穗的，只能将整张叶片从叶柄基部处向外向下轻折离开果穗，或将叶子从叶柄基部处割除。

3.疏果　在果穗开出3～5梳果时，必须对香蕉进行疏果整理。即将连体果、单层果、三层果进行疏除。需要疏果的果梳一般都在头三梳，疏果后如果每梳蕉的果指数多于24个（冬蕉）或26个（春夏蕉），还必须将多余的果指去掉，方法是在果梳的两边各除去一个果指，中间隔3～4个果指再除一个（图4-35d）。原则是：同一个位置只能除去一个果指，上下两排不能对齐除果，否则会在蕉梳上留太大的间隙，在采收包装过程中容易断梳。同时，若头梳蕉果指不足10个，尾梳蕉果指数不足14个，必须整梳去除，目的是保持上下果梳之间的营养均衡分配，确保所有果梳形状美观，提高商品率和商品价值。疏果必须及时，因为幼果容易从果轴折断，此时疏果残留缝隙较小，不会伤及其他果指。

4.留梳　香蕉一般都能抽出5～12梳蕉果，香蕉的留梳数可根据树体的大小、功能叶片的多少，及果轴的粗细来决定，正常情况下每1.5片功能叶留一把果。一般情况下冬蕉不宜超过6梳，春夏蕉不宜超过7梳。留足果梳后在下一梳果留一个单果，以调节尾梳果的营养供应。

5.断蕾　留好果梳后在下一梳再留一个单果，在单果下方10厘米处将蕾苞断掉（图4-35c）。留梳后要尽早断蕾，以免蕾苞继续生长消耗香蕉树体的养分。

6.抹花　在疏果、留梳的同时应结合抹花（图4-35b）。抹花的时机最好在果梳的苞叶刚脱落、果指尚未完全展开、手触花瓣易脱落时，这样蕉指较聚拢，花瓣易落，花柱易脱，抹花效率较高，不伤果指，也不会产生蕉乳污染蕉果。注意抹花时不宜戴手套，一株香蕉果穗的抹花工作应分2次以上来完成，即在疏果时抹前2～3梳的蕉花，在留梳断蕾时再抹剩下的蕉花。

7.套袋　香蕉在断蕾完毕后及早喷一次杀菌剂，每个果梳间垫好珍珠棉（图4-35e），然后便可套袋。首先给果串套上定型袋（图4-35f），然后再套上带孔的珍珠棉袋，顶端用草绳绑紧，再把两张报纸绑在珍珠棉袋外，挡住西南方向及果穗易晒的位置，避免太阳灼伤果指端部（图4-35g），外层再套一层带孔的蓝色塑料薄膜袋便可（图4-35h）。套袋可以起到防寒保温、减少病虫害危

| 校蕾 | 抹花 | 断蕾 | 疏连体果 |
| 珍珠棉垫把 | 套定型袋 | 套珍珠棉袋 | 套蓝袋 |

图4-35　香蕉果实护理流程

害及避免外伤的效果，而且蕉果着色好。套袋时，在袋子能套住整个果穗及条件允许的情况下，绑袋的位置越高越好，最少也要离头梳果30厘米以上，以避免头梳果指上弯时将套袋拱起而达不到套袋效果。目前，还有很多农户已使用双层纸套袋，这种套袋虽然成本稍高，但其操作方便，防寒保温效果好。

8.标记及垂蕾　套袋完毕后在果轴末端绑上一条草球绳，以标记不同生长时期的果穗。草球绳的颜色每周换一次，并登记好套袋株数，采收期可根据绳子颜色进行统计、预估和采收。为避免歪梳、散梳、果梳不整齐，对不垂直水平面的果穗，用标记绳将果穗拉靠树干，让其垂直水平面。

9.立杆护果　我国的产蕉区大多数都受台风影响，因此在台风季节到来之前必须对所有的蕉株立杆保护。立杆位置一般都在离蕉头约30厘米处，钻一个60厘米深的洞，然后将尾径大于3厘米的杆立于洞中压紧，再将香蕉假茎固定在立杆上。立杆应避免与果穗接触而造成损伤。

八、香蕉抗逆栽培技术

（一）香蕉抗风栽培技术

香蕉叶片大根系浅，茎秆高，高位抽蕾，受大风侵袭较易产生风害，轻者根叶受伤，重者蕉株倒伏折断（图4-36）。尤其蕉株进入抽蕾挂果期后，果穗较重，遇强风和台风更易产生风害而受损，严重时失收。我国各香蕉主产区的绝大部分蕉园，每年都有面临风害的风险。除云南省外，其他香蕉主产区均分布在滨海省份，遭遇台风的频率大，风害风

图4-36　台风危害

险更高。因此，防风保护是各主产区香蕉生产中需要十分重视的工作。

香蕉生产防风害应采取综合预防的策略，即在香蕉生产过程的多个环节建立防御的技术措施，如，选择躲避风害的种植季节、选取具有防风条件的蕉园地址、选种抗风的种苗和培育健壮的蕉株、建立增强防风的辅助设施和采取恰当的灾后应对措施。

1.避风季节种植　冬季气候较温暖且台风发生频率较高的蕉区，可通过选择定植期和留芽期及配合栽培过程的水肥调控措施，使蕉株抽蕾挂果期避开台风发生频率高的7—10月的季节，即采收期在3—6月。

2.避风区域建园　选择有自然避风的地形和种有防风林带的区域建立蕉园（图4-37）。或在蕉园周边行和蕉行畦头端人工种植适量的大蕉，其抗风力较强，也有一定的阻减风速、减轻风害的作用。

图4-37　避风建园

3.选种抗风种苗　不同香蕉类型抗风有差异，一般，大蕉的抗风力最强，粉蕉次之，香牙蕉较差。中矮秆香蕉品种的抗风力相对较强，因此，在风害发生较多、破坏力较大的蕉区，宜选用中秆品种，如宝岛蕉、威廉斯。此外，组培种苗长成的蕉株比吸芽苗和留芽苗的蕉株明显矮化，其防风能力也较强。

4.培育健壮蕉株　假茎粗大矮壮蕉株抗风力增强。香蕉生产中，采用开沟种植、留芽蕉培土防蕉头外露、增施有机肥和氮磷钾平衡施肥、加强防治蛀食蕉株的象鼻虫等病虫害，培育健壮蕉株，增强蕉株抵抗风害的能力，

5.设立增强防风的辅助设施
主要采用的技术措施有：
①拉防风绳。蕉株抽蕾挂果后，及时用防风绳在抽蕾蕉株的

把头和周边蕉行相邻蕉株假茎的中下部拉紧绑扎，使蕉株间形成互相牵拉而获得较好的防风抗倒效果（图4-38）。

②立防风杆。蕉株1.5～2米时，在蕉株的旁侧土中打一个深40～50厘米的洞孔，竖竹或木立杆，杆下端插入洞中固定（图4-39）。随蕉株不断长高，用

图4-38　拉绳防风

绑绳在蕉株的下部（离地0.6～0.8米）、中部（约离地面1.6米处）和把头部位，把蕉株绑于立杆上，捆绑处绳子应松紧适度。对果穗产量较高的蕉株，立双杆对支撑果穗和防风均可取得更好的效果。操作与单杆相同，但双杆的位置位于蕉株的两侧。

图4-39　立杆防风

③搭防风架。防风架类似于建筑上的手脚架（图4-40）。该技术具有抵御强风的能力，能显著提升香蕉植株的抗倒伏和抗折断能力，应用于强风频发、风害严重的产区蕉园，能有效抵御强风，显著降低风害造成严重损失的风险。搭架技术要点：每个蕉

株近旁立单根竖向立杆，立杆上端达蕉株抽蕾时最顶部叶片的1/3处，基端仅触及土表，不需打洞埋入土，立杆与蕉株假茎的下部、中部和上部把头位置通过绑带捆绑连接；同一行蕉株的立杆上方通过一条由若干竹（木）条通过首尾互相重叠并钉绑连接而成的横向水平连杆相连，其形成垂直面十字交叉并钉绑连接；两株的中间有一条由若干竹（木）条在首尾互相重叠并钉绑连接而成纵向水平连杆，其与所有横向水平连杆形成水平面十字交叉并钉绑连接；竖立杆和纵、横向水平连杆互相绑牢连接构成一个立方形防风架体。为了增加架体的稳固性和抗风性能，增加设置若干组横向交叉斜杆和纵向交叉斜杆（分别与蕉行平行和垂直），每组交叉斜杆由互相交叉并在交叉处钉绑牢固的两根斜杆构成，纵向交叉斜杆的上端与同一条纵向水平连杆钉绑连接，横向交叉斜杆上端分别与相邻的两条纵向水平连杆钉绑连接，两类交叉斜杆的下端都插入同行蕉株（宽窄行模式中则为两窄行蕉株）旁侧的土中。各纵、横向交叉斜杆间隔一定距离和交替设置，各自纵横成行，设置数量依抗风强度要求而定。

图4-40　搭架防风

采用本技术，一次搭架可连续使用2～3年，立杆下端不需打洞入土固定，节省用工，也利于立杆与下年留芽蕉株（抽生位置不同）间的捆绑操作。

上述技术可联合使用。拉防风绳，成本投入较少，但抗风能力不高；搭防风架能显著提升抗风能力，但投入材料成本相对较高。因此，实际生产中，可采用仅在蕉园周边少数株行立防风杆或搭防风架，内部蕉株则采用拉防风绳的策略。

6.灾后应对技术措施　风灾发生后，可根据蕉株的受害程度和发育时期采取不同技术措施。

若蕉株未发生折断，仅被吹倾斜，对苗期和矮小的营养生长期蕉株，多可自然恢复，不必人工扶正；对发育后期较高大的蕉株，则无法自然恢复，需人工扶正、利用拉杆固定，并割除断叶、培土固定和淋足定根水，防止因根受伤死亡。已抽蕾的蕉株，适当除去2～3梳果指。

若蕉株已发生折断，对苗期和矮小的营养生长期蕉株，可在折断处下方割除上部，增施肥水，促进抽生新叶；受损蕉株处于营养发育后期，较高大，如尚可抽生7～8片新叶，可采取割除上端折断部分，并加强肥水管理，保留母株继续长新叶、抽蕾挂果，也可获得一定收成，且受灾年份市场蕉价相对较高，可弥补一定的经济损失；折断蕉株已抽蕾，或风害特别严重、折断留头蕉园或长势较差的蕉园，留吸芽再生能力差，补救得不偿失，可重新种植或改种其他短期作物。

（二）香蕉抗寒栽培技术

寒害也是香蕉生产中的一大自然灾害，除海南南部外，我国所有的香蕉产区，每年冬天都会遭遇不同程度的寒害，重则把香蕉全部冻死，造成绝收。这种现象在广西、广东和福建的产区中，每3～4年就会遭遇一次，轻则影响产量和商品价值，降低经济效益。本节主要针对防寒技术进行归纳总结，以期为防控寒冻害提供技术支撑。

1.预防性措施

①选择适宜区域种植。最适宜区的环境最适合香蕉种植（表4-2）；适宜区符合种植香蕉的条件；次适宜区风险较高，种植香蕉需慎重；不适宜区不建议种植香蕉。

表4-2 我国香蕉种植温度适宜区域的划分

种植区域划分		气温条件
1	最适宜区	年平均气温22.5℃以上，最冷月的均温14.2℃以上，大于或等于22℃的持续日数210天以上
2	适宜区	年平均气温21.9～22.5℃，最冷月的均温12.5～14.2℃，大于或等于22℃的持续日数180～210天
3	次适宜区	年均温20.5～22.0℃，冬季最冷为1月和2月，月均温11.8～12.5℃，大于或等于22℃的持续日数180～190天
4	不适宜区	除上述适宜区和次适宜区的县市以外，其余基本上是不适宜区

②合理安排产期。合理安排香蕉的种植和留芽，抽蕾期、花芽分化期和果实生长期等温度敏感期不宜安排在易受寒时间段。

③提前施肥。为增强植株的抗寒能力，11月下旬至12月上旬重施一次越冬肥（图4-41），以有机肥为主，每株施肥量为5～7千克，氯化钾或者复合肥100～150克，撒施于距根部0.3～0.6米处，与土混匀后培土至根部（图4-42）。尽量少施或不施氮肥。

图4-41 重施越冬肥 图4-42 培土至根部高约10厘米

④新植苗——盖天膜。秋冬植新植苗，12月上旬前完成小拱棚搭盖（图4-43、图4-44）。具体方法：在种植畦面盖0.5～0.8米宽地膜，用1.5～2.5米竹条搭小拱棚，覆盖1.4～2丝（1丝厚度

为0.01毫米）白色天膜，压实膜边。当膜内温度高于35℃时揭开两头或开洞降温。

图4-43　秋冬植时铺设地膜　　　图4-44　11月中下旬至12月上旬盖天膜

⑤宿根吸芽苗——盖地膜。香蕉种植畦面全覆盖厚度为0.8～1.0丝，宽度约2米的白色或黑色地膜，地膜遮盖蕉头，膜边用泥土压实，以保持土壤湿润，提高土温（图4-45、图4-46）。

图4-45　地膜遮盖蕉头　　　　　图4-46　全园盖地膜

⑥挂果香蕉——套袋避寒。挂果香蕉套袋避寒越冬，增加珍珠棉套袋和套袋的长度，由定型袋＋珍珠棉袋＋蓝袋模式，蓝袋长约180厘米，珍珠棉袋长约150厘米，定型袋长约130厘米，提高套袋内温湿度。套袋前注意黑星病等病害的防控工作。

　　2.受轻微寒冻害应急措施　香蕉轻微受寒冻害时，只伤及叶片及果实，未伤及内部，在气候条件适宜的情况下，进行正常的水肥管理植株即可恢复生长（图4-47至图4-50）。

图4-47　新植株轻微受寒

图4-48　宿植蕉轻微受寒

图4-49　越冬植株轻微受寒

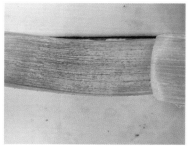
图4-50　果实轻微受寒

具体措施：

①增加土壤含水量。在预报霜冻到来前1～2天喷滴水湿润蕉园，缓和降温幅度，增加近地面空气湿度，保护地面热量，有效减轻危害。

②喷水防寒解霜。有条件的蕉园，在霜冻发生的当天清晨、刚开始结霜时，用水喷洗蕉叶表面，可缓解霜害。

③熏烟防霜。在预报霜冻来临的当晚，可用稻草、木屑、甘蔗渣等作熏烟材料，当晚气温降至5℃时就开始点烟，一亩地约2堆即可，可减轻霜害。

④吸芽苗截茎盖天膜。将老苗或大苗离地约50厘米截茎做支撑，吸芽离地约20厘米截茎，覆盖1.4～2丝白色天膜，压实

膜边。当膜内温度高于35℃时揭开两头或开洞降温。气温稳定在15℃以上时，增施氨基酸肥50克/株促根（图4-51至图4-54）。

图4-51　大苗截茎做支撑

图4-52　覆盖白色天膜

图4-53　膜内高于35℃及时开洞降温

图4-54　增施氨基酸50克/株促根

　　3.受中度寒冻害应急措施　　香蕉中度受寒冻害时，心叶及假茎外层受冻严重，但生长点完好，为了挽救植株，让新的叶片尽快生长出来。观察受寒冻情况时，需区分霜冻和冻雨危害，冻雨危害较霜冻危害严重，需解剖查看香蕉生长点是否完好，生长点完好按轻度受寒处理，生长点受损按重度受寒处理。香蕉中度受寒状态如图所示（图4-55至图4-58）。

　　具体应对措施：

　　①1.0米以下的植株（含新植蕉）恢复措施。加强水分管理，气温稳定在15℃以上时增施氨基酸肥50克/株促根，促使植株抽新根发新叶。

图4-55　新植株中度受寒

图4-56　宿植蕉中度受寒

图4-57　越冬植株中度受寒

图4-58　越冬蕉中度受寒

②株高1.0～1.5米的植株。当日均气温回升到10℃以上时，用利刀在离地面20～30厘米处，割除上部被冻坏的假茎，增施氨基酸肥50克/株促根，促进抽新根发新叶。当白天气温回升至15℃以上时，及时追肥，以水肥为主，增强水肥管理，待恢复后按正常水肥管理。

③株高1.5米以上的植株。当日均气温回升到10℃以上时，平地挖除吸芽，促发新芽。增施氨基酸50克/株促根，促进新芽重新长出。当白天气温回升至15℃以上时，及时追肥，以水肥为主，增强水肥管理，待恢复后按正常水肥管理。

④挂果越冬的植株。及时查看挂果受寒情况，饱满度在5成以上可采收的香蕉尽快采收。蕉果采收完毕后，参考株高1.5米以上植株的措施进行管理。

4.受严重寒冻害应急措施 严重受寒冻害的香蕉的生长点死亡但球茎未死亡，待气温稳定后，挖除吸芽、及时清园和加强水分管理，促使新芽生长，筛选长势一致的新芽定株，其余吸芽及时挖除（图4-59、图4-60）。如果发现完全冻死的植株要及时挖除，并重新补种或相邻植株留双株。操作方法与中度受寒1.5米以上植株类似。

图4-59 受寒植株死亡 图4-60 植株生长点坏死

极严重受寒的香蕉生长点和球茎死亡，待气温稳定后，及时清园，在行间挖坑重新种植10叶以上新苗，植后按春植苗管理。

（三）香蕉抗旱栽培技术

水是香蕉生长发育的第一要素，缺水极易发生旱害。香蕉最适月均降水量100～200毫米，且分布均匀，任何月份降水量少于50毫米又不能通过灌溉补水时，就会发生严重旱灾。由于受"厄尔尼诺"和季风的影响，常造成我国部分产蕉区出现季节性水分异常亏缺，华南蕉区，如广东省徐闻县，易发生秋冬春旱；西南蕉区，如云南红河流域等，易发生冬春初夏连旱。以云南香蕉产区为例（图4-61、图4-62），属于典型的亚热带低纬高原干热季风型气候，降雨时空分布不匀，冬春季干燥、初夏高温少雨，加之工程性缺水，导致旱害和次生灾害频发，严重影响香蕉产业的发展。

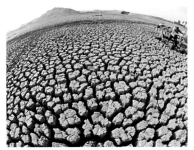

图4-61 2010年云南百年一遇特旱

图4-62 受旱害的香蕉园

1.干旱对香蕉产业的影响

① 干旱对新植蕉影响最大。云南新植蕉苗大量在3—5月移栽，但此时正值旱季，常遇高温少雨，缺水会影响蕉苗的成活、施肥打药和后期长势。生长前期缺水，植株生长缓慢、营养器官发育不良，推迟抽蕾，花量减少。果期缺水，会导致果指短、单产低。缺水严重影响新植蕉苗的移栽和成活率（图4-63）。

图4-63 受旱蕉苗

② 干旱对宿根蕉有一定影响。干旱会导致宿根蕉的吸芽生长缓慢，影响留芽质量，造成当造蕉甚至下造蕉减产（图4-64）。如果推迟留苗，收获期将会推迟，可能造成香蕉上市"撞车"。

③ 易造成果实树上黄熟和采后青熟。干旱常伴随高温，

图4-64 缺水导致宿根蕉的吸芽生长缓慢

会加快果实成熟，一旦采收不及时，很容易过度成熟，甚至树上黄熟（图4-65），采后运输途中易青熟，造成损失（图4-66）。

图4-65　香蕉树上黄熟

图4-66　香蕉运输途中青熟

④旱灾后易爆发病虫害。干旱天气易发生蚜虫、斜纹夜蛾、蓟马、卷叶蛾、红蜘蛛和叶跳甲等虫害（图4-67、图4-68）。2020—2021年，云南边境地区还跨境发生草地贪夜蛾和黄脊竹蝗（图4-69、图4-70）。两种害虫都存在危害风险：草地贪夜蛾严重危害蕉园周边和套种的玉米等作物，虽然没发现其危害香蕉，但一旦其食物紧缺和食性改变，有危害香蕉的可能性。而黄脊竹蝗可危害粉蕉和野生芭蕉，偶尔啃食香牙蕉。此外，高温暴晒下，香蕉易发生日灼病等。

⑤旱灾后易发生洪涝等次生灾害。久旱造成植被枯死，土质

图4-67　香蕉蓟马危害症状

图4-68　香蕉叶甲危害症状

图4-69　从境外入侵的黄脊竹蝗啃　图4-70　草地贪夜蛾危害蕉园周边
　　　　　食野芭蕉　　　　　　　　　　　　　　的玉米

松散，一旦遇强降水，易造成地表水和土石顺着谷沟、河道冲刷下来，山地蕉园易拉沟、塌方，河谷低洼蕉园易遭受洪涝和泥石流。

2.防旱减灾应急措施　应对策略：树立"无旱备旱，有旱抗旱"观念，实时监测干旱天气预报，为抗旱减灾提供决策依据。旱前兴修水利，汛期积极蓄水，旱时积极运水、提水，科学节水用水灌溉解旱，重点保苗保收，预防灾后虫害暴发和洪涝灾害。

①改善水利条件，提高水资源供给能力。云南水资源相对丰富，但时空分布不匀（图4-71），工程性缺水严重，应加大"五小水利工程"建设。在水源不足的雨养香蕉种植区，兴建小水窖、小水池、小泵站、小塘坝、小水渠，利用丰水期蓄水存水（图4-72至图4-74）。在地下水丰富的产区，如广东省徐闻县，适合打深井抽水灌溉。在红河、怒江等干热河谷水库区，推广光伏提水站。

图4-71　水资源分布不均现象　　图4-72　山顶建水池可自流灌溉

图4-73 兴建光伏提蓄水站　　图4-74 兴建小水窖

②选择抗（耐）旱品种。一般ABB基因型的粉蕉抗旱性较强，如金粉1号、广粉1号、粉杂1号（苹果粉）和云南本地粉蕉等；AAB类的大蕉次之，如中山龙牙蕉和本地牛角蕉等；AAA类的香牙蕉最弱，如巴西蕉、桂蕉1号和2号等，但少数香牙蕉，如红河矮蕉等，有较好的抗旱性。可依据水资源选择不同类型的品种。干旱胁迫易加重香蕉枯萎病，如要种香牙蕉，尽量选择南天黄、宝岛、桂蕉2号和中蕉8号等抗病品种，但要配套抗旱栽培措施（图4-75）。

图4-75 粉蕉抗旱栽培模式（深沟底栽蕉＋稻草覆盖＋沟埂套种）

③推广节水灌溉抗旱栽培模式，提高水资源利用率。缺水时任何措施均无济于事，做到有水可用，有水能用，努力扩大灌溉面积。推广应用节水灌溉技术（管灌、微灌、膜下滴灌等）及抗旱栽培模式。

　　新植蕉重点保苗和保移栽，推荐膜下喷滴灌等节水灌溉技术（图4-76、图4-77）。不具备用水条件的，建议推迟移栽期，待下雨时及时移栽。移栽前施足有机底肥＋保水剂。选择早或晚移栽，插树枝、草枝或蕉叶遮阴护苗，防止太阳灼伤幼苗，避免高温时浇水和高浓度施肥。特别干旱时不建议刚移栽时使用吸水性强的保水剂，会与蕉苗争水。巡查发现死苗缺塘现象，及时补种。

图4-76　膜下滴灌　　　　　图4-77　环管滴灌

　　宿根蕉园要及时铲除多余吸芽，保证留芽质量，推荐施用喷灌设施（图4-78）。3—5月是云南宿根蕉留芽定苗的关键时期，定好芽后除掉多余的吸芽，疏掉老枯病叶，减少蒸腾作用，防止其与留苗争夺水分、营养，影响后期长势、产量和质量。收获后也要及时砍掉母株上部，减少蒸

图4-78　宿根蕉园喷灌

腾，但要保留1.2米以上茎秆，利用采后母株残留的水分和养分供吸芽生长。推荐使用节水节肥的假茎精准施肥提苗技术——"钉子肥"技术。

　　坡度较大的山地蕉园采用等高线"坡改台（梯）＋沟（槽）穴＋膜下滴灌"栽培模式（图4-79）。坡坎杂草应尽量保留，实行

自然生草，涵养水分，减少水土流失。

图4-79 "坡改台（梯）＋沟（槽）穴＋膜下滴灌"栽培模式

缓坡旱地宜采用"沟（槽）＋双膜（天地膜）＋喷滴灌"栽培模式（图4-80）。香蕉种于沟（槽）内，盖"地膜"和"天膜"（参考广西的"三避"栽培模式）（图4-81），而畦（垄）上可套种其他作物，该模式同时具抗旱、防寒、避雨及防杂草功能。

图4-80 沟栽＋间套种　　　　图4-81 沟栽＋天地膜

推荐免耕少耕，间套种和活（或死）覆盖，减少水分蒸发。尽可能少动土，用地膜、绿肥（生草）、枯蕉叶和其他秸秆覆盖，或间套种其他作物（图4-82至图4-85）。

④合理增施有机肥，能增肥保水，提高植株抗旱性。施足有机底肥和埋施固体有机肥可保水，推荐以液体生物有机肥为主的水肥共施技术（图4-86、图4-87）。叶面喷施氨基酸等液体有机

肥、5%～6%的草木灰浸出液或0.2%～0.3%的磷酸二氢钾＋0.1%～0.3%的尿素混合液等，2～3次。

图4-82 间套种豆作物

图4-83 间套种瓜类

图4-84 黑膜覆盖保水保温、兼防杂草

图4-85 宿根蕉园林下套种黄精

图4-86 液体有机菌肥施用

图4-87 根外环施固体有机肥

　　⑤及时采收，采后预冷处理。高温干旱情况下香蕉成熟很快，以7到7.5成熟度采收为宜，防止树上黄熟，避免烂在地里才是当务之急。增加土壤和空气湿度，调节小气候有一定作用，如喷滴灌、覆盖和喷施叶面肥，剔除老病叶减少蒸腾等方法，并及时除掉蕉园中黄熟香蕉，以免产生乙烯加速其他香蕉成熟。长期措施是建设预冷设施，如地头冷库（图4-88），既可缓解旱情下采收不及时造成的压力，又可调节上市和提高香蕉货架期。

图4-88　香蕉运输前进入冷库预冷

　　⑥预防旱灾后病虫害暴发。重点监测和预防交脉蚜、红蜘蛛、斜纹夜蛾和叶跳甲等"喜旱"害虫，"早防早治"是关键。可选择节水的植保器械，如雾化效果好的喷雾器、弥雾机和烟雾机（图4-89、图4-90）。

图4-89　应用弥雾机杀虫

图4-90　应用烟雾机杀虫

　　蚜虫和蓟马：可挂黄板或蓝板监测和诱杀，浇水保湿减少虫卵孵化；全株喷施螺虫乙酯/吡蚜酮/吡虫啉等杀虫剂，间隔7～10天，喷2～3次。

　　斜纹夜蛾和叶甲等：这类害虫喜欢集聚在香蕉心叶喇叭口，早晚时重点喷雾喇叭口可节水节药。斜纹夜蛾晚上喜欢到地面活动，以幼虫危害心叶，但化蛹和成虫产卵在土壤和植物残体上，因此土壤表面也要喷药。防红蜘蛛要注意蕉叶两面喷雾，特别注意喷叶片背面。

叶跳甲和飞蝗：推荐使用弥雾机和烟雾机，防控效果较好，且节水节药。加强草地贪夜蛾和蝗虫等跨境入侵的危险性有害生物的预测预报。

⑦预防旱灾后的洪涝灾害。俗话说"大旱之后必有大涝"，虽没必然联系，但近年云南旱灾后，局部蕉区常遇暴雨，甚至伴随冰雹，造成洪涝灾害和风灾。枯水期越长，发生大洪水的可能性就越大。因此，思想上不能麻痹，利用抗旱之机，兴修水利，特别要关注天气预报，提前预警，做好防汛准备工作。

九、香蕉采收技术

香蕉属后熟型水果，不能等到黄熟时才采收。当果指的棱角变钝、果身变圆时就必须根据季节及销售市场的行情与距离进行适时采收。通常低温期采收或近距离销售的，适宜的果实成熟度为80%左右；高温期采收或远距离销售的，适宜的果实成熟度为70%～75%。判断蕉果的成熟度以果肉的饱满程度来确定。一是目测蕉果菱角的变化为最可靠而又易行的方法。习惯上是以果穗中部的蕉果为准，蕉身棱角明显高出，是70%以下的饱满度；果身近于平满时为75%饱满度；果身圆满，但尚能见棱形为80%饱满度；果身圆满无棱形，则为90%饱满度以上。二是可按断蕾后的天数来确定蕉果成熟度。一般夏秋两季自断蕾后经70～80天即达70%～80%的饱满度，而冬春两季则需140～150天，并结合目测饱满度的方法来确定果实的成熟度（饱满度）。

（一）砍蕉

1.解袋　在砍蕉时，通常结合出蕾日期或套袋时所设的标记绳来寻找蕉串，符合所需饱满度便可解开套袋（图4-91）。注意：

图4-91　解　袋　　　　图4-92　珍珠棉垫把　　　图4-93　砍蕉、接蕉

由于果实生长发育的速度与温度、水分及植株的营养状况、功能叶片数、果梳数有关。因此，有时会出现三种标记果串交错采收的现象，这种现象在冬蕉采收末期及春夏蕉开始采收阶段更为常见。

2.垫蕉把　解袋后用珍珠棉或牛皮纸等将各果梳隔开，避免果穗在运输过程中各果梳之间相互挤伤（图4-92）。

3.砍蕉　通常两人一组，一人砍蕉，一人抬蕉（图4-93）。砍蕉人拿刀，先砍掉固定物及妨碍物，后将果穗砍下；抬蕉人用海绵垫接住果穗，然后搬到附近的采收索道或采收车辆，再将果串运到包装厂，实现采收包装全程不落地操作。

（二）果穗运送

果穗从砍下后运送到包装厂主要有以下几种方式：

1.人工挑　直接由工人将砍下的果穗挑到包装点进行包装，目前大多小蕉园采用这种方式进行果穗运送。离包装点较近或需要将果穗运送到蕉园边的索道和采收车，大多采用人工挑的方法。

2.人肩背式活动支架　在云南山区蕉园，有用人肩背式活动支架运送果穗的方法（图4-94）。与传统的横向简易背架相比，该活动支架依据蕉串的长度、围径，综合考虑运输过程中的震动情况、人体肩背时的舒适度等研发的，高1.2米，宽30厘米的背架，底部设有滑轮，方便蕉串在平地短距离移动。背架操作简便，蕉串在运输过程中受到的挤压小，商品率高，适用于地形陡峭的山地远距离运输。

3. 采收车运送　采收车运送是指用特制的采收运输车辆来运送果穗（图4-95）。将果穗倒置，果轴插入车上设计好的圆筒内固定好，然后系牢果轴末端，确保果穗在运输过程中不会来回摆动，避免产生机械伤。在没有建设索道的蕉园，也常采用特制的采收运输车将果穗运至包装场。

4. 索道运输　果穗采收后由人工挑到最近的索道边，再挂到索道上，索道上每一个滑轮可以挂一串果穗，每串果穗之间用连杆相连，连杆既可保证果穗之间的距离，避免擦压伤，又可将多个果穗连动成一体，一般情况下每人每次可拉动20串果穗（图4-96）。

5. 地头落梳　将砍下来的香蕉就地落梳，摆放在特制的果盘内，一般一个果盘只放 1～2 株香蕉的果梳，然后由人工抬出蕉园，装入特制的车厢内，再运送到包装车间。

图4-94　人肩背式活动支架

图4-95　采收车

图4-96　索道运送

十、香蕉采后处理技术

从蕉株采下的果穗，称穗蕉，也叫条蕉或串蕉，优质穗蕉的标准包括以下几方面：一是具有同一类品种特征，果实新鲜，形状完整，皮色青绿有光泽，清洁；二是远销香蕉成熟度要求70%～75%，就地销成熟度要求80%～90%；三是果梳排列整齐紧贴，无大小果和畸形果，三层果梳少于8%，穗蕉重量不轻于20千克，每穗平均果指长度20厘米以上，每千克不得超过8个果；四是穗蕉不得有腐烂、裂果、断果、裂轴，压伤、擦伤、日灼、虫口疤痕，每梳按个计不得超过5%，水锈每梳按个数计不得超过10%，黑星病、蓟马危害平均不得超过1点/厘米^2。运送到包装场的穗蕉要经过落梳、清洗、修把、分级、计量、保鲜、风干等工序后才能进行包装。

(一) 包装生产线

1.标准采收包装生产线　大型的香蕉基地应结合道路规划，每300亩左右建一座包装厂房，配置标准包装生产流水线，来提高香蕉包装的质量（图4-97）。因为标准包装生产线的不可移动性，应配备索道或采收车等果穗运送设备。

图4-97　标准采收包装生产线

2.简易包装生产线　简易包装生产线一般是可移动的，适合分散小蕉园的采收包装。不过简易包装生产线的清洗水池过小，场地和各种配套条件均属临时性，因此香蕉清洗干净度差，分级困难，处理过程较易损伤香蕉。

目前，国内还有很多小蕉园基于成本考虑，只能采用简易包装生产线进行包装处理，这种采后处理方式应该逐步得到改善。建议标准果园不采用这种方式。

（二）标准包装流程

1.落梳清洗　果穗采收后通过索道或采收车运到包装厂后，悬挂于落梳架上，用特制落梳刀将果梳逐梳切落后，立即将梳蕉放入0.1%～0.2%的明矾水或清洁水中漂洗，将梳蕉洗干净，清洗池有2个。

2.修把分级　果梳从第一个清洗池移入第二个清洗池时，用半月形切刀，对梳蕉柄切口处进行小心修整，重新切新，以防原切口带病菌，影响贮藏效果。经修整的切口要平整光滑，不能留有尖角和纤维须，防止在贮运时尖角刺伤蕉果和病菌从纤维须侵入。去除残次果，并对果梳进行分级，将果梳置于相应的分级池中。

3.计量保鲜　按每箱13～14千克的标准，把果梳置于塑料盘内称量。将称量好的塑料盘置于流水线上进行保鲜处理。香蕉在贮运过程中的主要病害是轴腐病，药液处理是防止轴腐病的一项重要措施。将漂洗后晾干的梳蕉，用1 000～2 000倍液的甲基硫菌灵或多菌灵溶液水溶液泡30秒，后捞出进行风干。可在药液里加入1%左右的蔗糖酯，效果更好。药液即配即用，用明矾水漂洗的梳蕉，不要放入药液中浸泡，将梳蕉柄切口蘸取药液即可。经上述保鲜处理的蕉果，在夏天可保持2～3周、冬天1～2个月不发霉。药物处理要及时，最好是当天采果当天处理，当天处理保鲜效果最显著。

4.风干　经保鲜设备出来的果梳在包装线上风干后进行装箱。

5.装箱　每一个塑料盘的果梳对应装于一个纸箱内，装箱时果梳之间要垫珍珠棉片，防止果梳在搬动及运输过程中损伤。

6.抽真空　纸箱内包装采用厚度为0.03～0.06毫米的聚乙烯薄膜袋，用吸气机将袋子里的空气抽出，并用橡皮筋扎紧塑料袋口。香蕉在少氧的情况下其生理活动不活跃，可延长其保鲜期（图4-98）。

图4-98　香蕉标准采收流程：落梳、清洗、保鲜、修把、风干、称重、垫珍珠棉装箱、抽真空

（三）香蕉的贮藏保鲜方法

1.薄膜袋包装加高锰酸钾保鲜法 薄膜袋包装加高锰酸钾保鲜法的保鲜原理，第一是利用半透性薄膜袋密封（图4-99），使袋内二氧化碳与氧气的比例调节在5%与2%，也防止水分蒸发，使袋内相对湿度达85%～95%，在高二氧化碳、高湿度和低氧下，香蕉呼吸作用受到抑制，延缓养分的损耗和后熟作用，达到保鲜的效果。目前用于香蕉包装贮藏的薄膜最好是选用低密度聚乙烯，它的透水性低，透气性高，化学性质稳定，受温度变化影响较小，无毒性，密封性好，其中以厚度0.03～0.06毫米的效果较好。第二是利用强氧化剂高锰酸钾，使袋内果实呼吸产生的乙烯氧化分解，降低乙烯浓度至0.0001%以下，从而延缓果实后熟期。可用珍珠岩或活性炭或三氧化二铝或沸石等作载体，吸收饱和的高锰酸钾溶液，然后阴干至含水量4%～5%。使用时用塑料薄膜或牛皮纸或纱布等包成一小包，并打上小孔，每袋放置1～2小包。此法的香蕉袋藏期夏秋季30～40天，冬春季80～120天，比自然放置长3～5倍。

图4-99 香蕉薄膜袋抽空密封保藏

2.库内气调（CA）贮藏法 库内气调贮藏法即通过控制贮藏库内的气体组成，增加二氧化碳，减少氧气，分别调节为5%和2%，抑制果实呼吸作用，同时抑制乙烯的产生，从而推迟果实成熟衰老进程，达到保鲜目的。

3.化学药剂处理贮藏法 化学药剂处理贮藏法是先用清水洗净果实，然后进行化学药剂处理。常用的杀菌剂有甲基硫菌灵、多菌灵、苯来特、特克多等，目前香蕉保鲜效果最佳的是特克多，主要防止贮藏过程病害的发生，抑制果实呼吸作用和乙烯的产生，从而达到延长保鲜期的目的，一般采用特克多加水稀释为0.04%～0.1%，浸果1分钟左右，取出沥干，便可包装自然放存或入袋气藏。

4.蔗糖酯防腐保鲜法 采用蔗糖酯处理青果，使香蕉表面形成一层覆盖层，可防止内源乙烯的产生，减缓水分损失，从而延长贮藏时间。用5%蔗糖酯悬浊液处理的香蕉，在25℃下可贮藏至9天未发现转黄，而对照已大部分黄熟。

5.低温保鲜法 在一定低温范围下可减弱香蕉果实的呼吸强度，抑制采后果实病害，从而推迟果实后熟期，达到贮藏保鲜的目的。一般香蕉贮藏适温为13～15℃，温度越高贮藏效果越差，但温度低于12℃，果实会出现冷害。正常的香蕉青果，低温贮藏可保鲜2个月以上（图4-100）。

图4-100 香蕉冷藏库

（四）香蕉的运输

过去香蕉运输靠火车，现在运输90%靠汽车，汽车运输灵活、方便、快捷。因此香蕉基本上是当天采收、当天包装、当天运走，大多数是直接装车运往国内市场（图4-101）。长距离运输一般通过冷藏火车、冷藏集装箱和冷藏香蕉船运到全国各地，也有部分出口到日本、俄罗斯等国家。

图4-101 香蕉冷链运输车

香蕉的冷链运输是今后的发展方向，有条件的企业和组织可在香蕉产地、码头、火车站和市场建立冷库系统，以提高经营水平。

（五）香蕉催熟

香蕉是需要采后催熟的水果，采收后要在各种保鲜条件下运到市场，继续置于冷库中保鲜，然后根据市场的销售情况分批催熟。

催熟就是利用乙烯激活香蕉的呼吸作用，进而产生呼吸高峰，使淀粉降解为可溶性糖，单宁分解成芳香物质和果酸，使果肉由硬变软，果味由涩变香甜，果皮由绿转黄。

（六）香蕉鲜果的等级规格

香蕉鲜果的等级规格划分应符合以下基本条件：应为相同香蕉品种；果梳完整，果指发育正常，大小均匀，色泽一致，无裂果；果实新鲜，果面洁净，无失水；果轴切口平滑，果柄坚实无折损；无异常的外部水分，冷藏取出后无皱缩；无病虫害，无冷冻伤，无预伤；无腐烂、无异味。香蕉鲜果等级规格划分见表4-3。

表4-3　香蕉鲜果等级规格划分标准

指标		一级	二级
果指	巴西蕉	单梳果指数16～20个，单果重120.0～190.0克，果指长度24.1～26.5厘米	单梳果指数14～24个，单果重110.0～145.0克，果指长度21.5～24.0厘米
	桂蕉6号	单梳果指数18～20个，单果重135.0～190.0克，果指长度22.8～26.2厘米	单梳果指数14～24个，单果重120.0～155.0克，果指长度20.2～23.2厘米
果形	巴西蕉	外排果外内弧面长度比1.52～1.54，内排果外内弧面长度比1.31～1.36	外排果外内弧面长度比1.55～1.62，内排果外内弧面长度比1.29～1.37
	桂蕉6号	外排果外内弧面长度比1.54～1.59，内排果外内弧面长度比1.32～1.34	外排果外内弧面长度比1.51～1.63，内排果外内弧面长度比1.35～1.43
饱满度		采收时的果实饱满度为75%～85%	采收时的果实饱满度为70%～90%

（续）

指标	一级	二级
色泽	具备该品种固有色泽，着色均匀，黄熟果实金黄	具备该品种固有色泽，着色均匀，允许稍有异色，黄熟果实黄色
果柄	黄熟果实果柄轻摇摆不脱柄，不变形	黄熟果实果柄在轻摇摆时有轻微脱柄现象
果面缺陷	果皮光滑，基本无缺陷，每梳蕉轻伤面积≤1厘米²；单个斑点不超过2个，每个斑点直径≤2.0毫米	果皮光滑，每梳蕉轻伤面积≤2厘米²；单个斑点不超过4个，每个斑点直径≤3.0毫米

　　果身微凹，棱角明显，其饱满度为70%～75%，催熟后仍保持该品种的品质，果身圆满，尚见棱角，其饱满度为75%～85%；果身圆满，棱角不明显，果实尚未转色，其饱满度为85%～90%；果身圆满，棱角不明显，果实开始转色，其饱满度为90%以上

　　注：引自中华人民共和国农业行业标准 NY/T 3193—2018，适用于香牙蕉的巴西蕉和桂蕉6号品种鲜果的等级规格划分，其他香牙蕉品种可参照执行。

（七）香蕉贮运保鲜注意事项

　　①香蕉经防腐保鲜一整套技术处理后，具有相当强的耐贮运能力。常温条件下，香蕉贮藏期长短应灵活掌握，一般在耐贮最长期限的1/2或2/3时，销售发运为宜，这时香蕉硬绿，具有一定的耐贮运能力，达销售地后保持硬绿。为了防止在运输过程中软熟或腐烂，可采用边贮边运，或经防腐保鲜处理后包装发运。

　　②为了提高蕉果的耐贮运能力，在整套操作过程中，要保证无伤处理。

　　③7～8成饱满度的香蕉才能贮藏保鲜，八成饱满度以上的蕉果不能用于贮藏，只能用药物防腐处理后包装发运，或催熟后就地销售。夏秋季气温高，香蕉不宜保鲜贮藏，香蕉包装后立即发运，不宜久存。

　　④蕉果贮藏不能与柑、橙、柚或其他水果混贮同一包内。

⑤香蕉长期贮藏，应选择在12月底以前进行，冬季常温仓库贮藏香蕉要注意防冻，10℃以下时，应采取保温措施。

⑥香蕉在贮藏保鲜中的病害主要是微生物引起的轴腐病和炭疽病，香蕉轴腐病在防腐处理后就可避免。炭疽病是引致果皮变黑的重要原因，用0.1%的噻咪唑或苯来特进行采后处理，效果显著。

十一、香蕉栽培新技术

（一）香蕉二级组培苗生产技术

本项技术由国家香蕉产业技术体系、广西壮族自治区农业科学院生物技术研究所提供。

技术概况：本技术围绕香蕉二级组培苗的生产，形成一套包括苗圃场地选择、育苗基质、病虫防控、变异株剔除、育苗时期及种苗标准等完整的生产流程，对生产二级健康种苗有显著的指导意义。

技术要点：

①选择向阳、背风、水源丰富、排水良好、交通方便、远离污染源、无蕉园流水经过、无香蕉栽种史和病区地块作苗圃地（图4-102）。

②育苗杯育苗基质宜选择通气、透水性强、保水、保肥、利于根系生长且不带尖孢镰刀菌等有害病原菌的椰糠或经高温完全发酵后的蔗渣、木薯渣等一种或几种混合复配基质，根据不同基质调节蕉苗生长所需营养。

图4-102 健康二级组培苗圃

③大棚育苗主要病害有蕉瘟病、叶斑病、细菌性溃疡病、丝核菌腐烂病等，尤其在高温高湿条件下极易发生。需保持育苗棚通风透气，降低病害的发生。可用3%噁霉灵、80%代森锰锌和33.5%喹啉铜悬浮剂等药剂防控病害，发现病株应及时清除。

④大棚育苗主要的虫害有蚜虫、根结线虫、弄蝶、地老虎等，可用吡虫啉、毒死蜱、高效氯氰菊酯等药剂防治。

⑤正常二级种苗，叶片完整、展开平整、青绿，茎干黄绿。出现假茎，叶片、叶脉明显变红、假茎变青，叶片明显变尖形，叶柄异常细长、假茎异常矮粗，叶距短而密集，叶片短圆、叶片非正常卷曲或扭曲、叶片出现黄、黄白条纹或缺绿斑块等情况中任何一种，均可判定为变异株，应及时剔除。

⑥计划在春季（2月底至3月中旬）大田种植的苗，需在头年的10—11月将组培苗种到营养杯中，计划种植大苗的，育苗时间可提前至头年的8—9月；在夏季（6—7月）大田种植的，需在2—4月将组培苗种到营养杯中；计划在秋天种植（10—11月）大田的苗，需在7—8月将组培苗种到营养杯中。

⑦出圃植株须达到以下条件：植株健壮、叶片青绿且经检验无病虫害、无变异症状的苗、叶片数≥5片、假茎高度≥10厘米、假茎粗≥0.6厘米。对出圃的二级苗按叶数、白根数、假茎粗及假茎高等指标建立大苗、一级和二级种苗标准。

（二）香蕉水肥一体化技术

本项技术由国家香蕉产业技术体系、广西壮族自治区农业科学院生物技术研究所提供。

技术概述：围绕香蕉产业技术升级，突破香蕉传统施肥模式和技术，研发出一套适宜旱坡地蕉园的高效水肥一体化技术，创新形成膜下双滴灌核心技术，应用"按月分期"施肥新模式（图4-103），并将酒精发酵液作为补充肥源在香蕉水肥一体化上规模化应用。

图4-103　广西双管滴管水肥一体化系统

技术要点：

①因地制宜地对不同类型蕉园，在喷灌、单滴灌等香蕉水肥管理技术基础上进一步改进滴灌施肥技术，围绕改善香蕉根系区域水肥耦合强度与频率，开发出膜下双滴灌技术。该技术主要整合膜覆盖双滴管技术、压力补偿滴头平衡水肥量技术、土壤水分张力计动态水分监测技术；通过该技术有效地改善了香蕉根系土壤水肥环境，以水促肥，满足了香蕉不同生育期对水肥的需求，达到了改善香蕉品质、提高产量的目的。

②依据香蕉需肥特点，结合广西香蕉产区具有明显的低温季节和雨季等气候特征，创新提出"按月分期"施肥模式：即1—2月低温期——不施肥；3—5月气温回升期（香蕉营养生长旺盛期）——施25%总肥量促生长；6—9月高温期（香蕉花芽分化期-抽蕾期）——重施肥，施60%总肥量攻蕾肥；10月后（香蕉挂果期）——轻施肥，施15%总肥量养果肥。

③将酒精发酵液用于香蕉水肥一体化生产，改进施用方法，通过过滤、稀释后，实现酒精发酵液的滴灌施用，做到施肥的时间和施肥量的可控化。

（三）香蕉测土配方平衡施肥技术

本项技术由国家香蕉产业技术体系、中国热带农业科学院热带作物品种资源研究所提供。

技术概述：本技术是优化集成土壤肥力、养分限制因子、香蕉养分积累规律，开展了配方施肥研究，使香蕉配方的针对性很强，准确性很高，实现香蕉施肥管理过程做到缺什么补什么，缺多少补多少，真正达到平衡施肥，增产增效明显。该核心技术的主要配套技术是节水灌溉技术，两项技术的有机结合可形成香蕉精准水肥控施技术体系，进一步实现节水节肥、防止蕉园表土流失、减缓香蕉枯萎病等土传病害蔓延的目的。

技术要点：围绕"测土、配方、配肥、供应、施肥指导"五个核心环节，开展土壤测试、田间试验、配方设计、校正试验、配肥加工、示范推广、宣传培训、效果评价、技术研发等十一项重点工作。

①划定施肥分区。收集资料，将自然条件相同，土壤肥力差异不大，生产内容基本相同的区域划成一个配方施肥区，然后收集有关这个配方区内的土壤资料、已有的试验结果、农民生产技术水平、肥料施用现状、作物产量、有无自然障碍因素等资料。

②土壤样品采集和分析。根据土壤类型、土地利用、耕作制度、产量水平等因素，将采样区域划分为若干个采样单元，每个采样单元的土壤性状要尽可能均匀一致。为便于田间示范跟踪和施肥分区，采样集中在位于每个采样单元相对中心位置的典型地块（同一农户的地块），采样地块面积为 1 ～ 10 亩。有条件的地区，可以以农户地块为土壤采样单元。采用 GPS 定位，记录经纬度，精确到 0.1″。土样在作物收获后或播种施肥前采集（一般在秋收后）；设施蔬菜在晾棚期采集；果园在果品采摘后的第一次施肥前采集，幼树及未挂果果园，应在清园扩穴施肥前采集；进行氮肥追肥推荐时，应在追肥前或作物生长的关键时期采集。同一采样单元，无机氮及植株氮营养快速诊断每季或每年采集 1 次；土

壤有效磷、速效钾、硫、硅元素测定等一般2～3年采集1次；中、微量元素一般3～5年采集1次。土壤样品采集后，按有关国标、行标或土壤分析技术规范分析所需测定的土壤养分属性，完成土壤中氮、磷、钾、硫、硅等大中量元素的测定，根据需要选择进行锌、铁、锰、铜等微量元素养分的测定，对土壤供肥能力做出诊断。

③田间试验。通过田间试验，掌握各个施肥单元不同作物优化施肥量，基、追肥分配比例，施肥时期和施肥方法；根据农业农村部发布的《测土配方施肥技术规范》，大田作物推荐开展"3414"田间试验，果树和蔬菜推荐进行"2＋X"田间试验；通过田间试验，摸清土壤养分校正系数、土壤供肥量、农作物需肥参数和肥料利用率等基本参数，构建作物施肥模型，为施肥分区和肥料配方提供依据。

④配方设计。肥料配方设计是测土配方施肥工作的核心。通过总结田间试验、土壤养分数据等，划分不同区域施肥分区；同时，根据气候、地貌、土壤、耕作制度等相似性和差异性，结合专家经验，提出作物的施肥配方。

⑤施肥指导。开展农户技术培训，印发测土配肥建议卡，使技术入户到田，指导农户根据施肥建议卡购买和施用配方肥料（复混肥、有机复合肥等）。同时设置举办田间试验示范样板，供农民现场观摩学习。

（四）香蕉专用系列控释配方肥施用技术

本项技术由国家香蕉产业技术体系、华南农业大学提供。

技术概述：针对香蕉生产实践中养分管理中仍存在施肥总量大、施肥次数多、养分流失严重、肥料利用率低等问题，研发了物化平衡施肥技术的养分控释技术、香蕉专用系列控释配方肥制造技术及配套施用技术；完善了香蕉专用系列配方肥配方，确定了适用于香蕉苗期的高氮型（22-8-15）、适于旺盛生长期的中氮高钾型（15-5-25）、适于抽蕾和果实生长期的高钾型控释配方肥（10-5-30）的配方，使养分供应与香蕉需求和吸收同步，提高养分利用率，可减少20%～30%的肥料用量，且明显促进生长和增加产量；建立了与控释配方肥配套的施肥技术规程。该产品及配套施用技术已在国家香蕉产业技术体系的10个试验站进行了普遍的示范试验，尤其是在海南万种实业有限公司试验站进行多年的大规模示范试验和推广应用，累计推广面积近万亩，取得了明显的社会经济效益。应用该技术可在大幅度减少施肥劳动强度的同时，可实现增加香蕉产量10%以上、缩短生育期15～20天、养分利用率提高10～15个百分点等目标，每公顷增收效益上万元。

技术要点：

①缓苗肥。定植后或移栽后的第一个月为缓苗期。此期施肥主要是通过浇灌0.5%均衡型复合肥料溶液完成。每周浇灌1次，每次每株蕉苗浇3～4升溶液。

②生长期追肥。a）第一次追肥，第一次施肥在香蕉移植后2周到1个月左右或定植后的第二个月，即香蕉新抽出8～10片叶时进行，此时香蕉已经适应了栽植的环境，开始加快生长，球茎也始显露，已经到了应该培土覆盖球头（俗称翻小头）的时间，应结合翻小头进行第一次土壤施肥。每株追施225克香蕉苗期的高氮型控释配方肥（22-8-15），将肥料撒施在窄行翻小头时用犁开的沟中，然后覆土并浇水。b）第二次追肥，此次施肥在香蕉的旺盛营养生长阶段，即香蕉移栽大田后的第3个月，或叶片数为18～19片的阶段，此时香蕉植株已经具备较高大的树体，根系也较为发达，球茎迅速膨大并再次浮露土壤表面，到了应该再次挖土覆盖球头（俗称翻大头）的时间，应结合翻大头进行第二次施肥。每株追施500克适于旺盛生长期的中氮高钾型控释配方肥（15-5-25），将肥料撒施在翻大头时用犁在香蕉宽窄行开的沟中，结合回犁起垄培土过程覆盖肥料，培土完毕后立刻喷水灌溉。此时视香蕉叶片是否有缺镁的表现，如果有缺镁症状，应在施肥时加施硫酸镁50克/株。c）第三次追肥，第三次施肥在香蕉移植后第5个月，第6个月左右，即香蕉的花芽分化期，是香蕉的营养体与生殖体共同生长阶段，香蕉的最大叶抽生后就标志着香蕉开始

了发芽分化。香蕉进入营养体与生殖体共同生长阶段后，植株对各种养分的需求量发生了一定的变化，此时香蕉的根系生长缓慢，基本停止生长。因此，在此阶段施肥操作过程中要特别注意保护香蕉的根系不受损坏，一般宜采用表土撒施，撒施后不要翻动土壤（以免伤根），而直接喷灌。每株施用400克高钾型控释配方肥（10-5-30），从第三次施肥时开始采用轮换沟施肥法，即将肥料均匀地撒在距吸芽（小蕉树）蕉头15～40厘米或母株（大蕉树）蕉头45～85厘米处相对两面的地表上。最好在雨后傍晚施用，天旱季节应灌水后再施肥，撒施完肥料后盖一层薄土或隔夜后喷灌。

d）第四次追肥，第四次施肥在香蕉移植后七、八个月左右，即在香蕉果实生长发育阶段，此时香蕉不再抽生新叶，但是为了香蕉高产优质需要维持一定数量的绿色叶片，生长中心转入果实的生长发育。每株施用125克释尔富牌高钾型控释配方肥（10-5-30），施肥时将肥料均匀在母株（大蕉树）蕉头45～85厘米处，第三次施肥没有撒肥的另外两个相对的地表。最好在雨后傍晚施用，干旱季节应灌水后再施肥，撒施完肥料隔夜后再喷灌一次水，或者撒肥后直接喷灌。

（五）"一带双管"香蕉优质高效化肥减施技术

本项技术由国家香蕉产业技术体系、中国热带农业科学院海口实验站提供。

技术概述：香蕉是典型的大水大肥作物，长期以来连茬生产及化肥的过量施用，造成植蕉区土壤质量恶化，产量降低、果品下降，土传病害频发等系列问题，严重影响产业的可持续发展。"一带双管"香蕉的化肥减施增效技术（图4-104），可实现改善植蕉土壤

图4-104　海南"一带双管"水肥一体化系统

环境，提高果实产量和品质，降低香蕉枯萎病、叶斑病等病害发生的目的。该项技术有两个技术要点，一是有机肥替代部分化肥技术，即通过埋施大量固体有机肥与喷灌带定期喷施复合微生物液体菌肥的方法，替代部分化肥；二是"一带双管"化肥减施技术，即通过双滴灌管精准减量施用化肥，提高肥料利用效率，降低化肥用量。目前该技术正在海南、云南、广西大蕉园推广应用，减肥增效效果显著。应用"一带双管"香蕉优质高效化肥减施技术可在降低化肥用量25%以上条件下，实现产量提高5%以上，果实品质明显提升，香蕉叶斑病和枯萎病发病率明显降低。2017—2020年通过对海南省临高县新盈农场500亩试验地与对照蕉园的对比试验表明，优化施肥处理Ⅲ化肥用量减施28%条件下，通过调整氮磷钾三要素配比，香蕉产量达3 585.4千克/亩，比传统的常规管理（处理Ⅱ）提高9.7%；肥料农学效率和肥料偏生产力较常规处理分别提高125.6%、72.6%。化肥减施处理Ⅲ纯收益为7 774元/亩，较常规处理ⅡB增加22.2%，产出投入比由1.95∶1上升到2.18∶1（表4-4）。

表4-4　宿根蕉滴灌不同肥料处理对香蕉生长、产量及经济效益影响

处理	化肥用量（千克/株）	株高（厘米）	假茎围（厘米）	青叶数（片）	果指数（个）	产量（千克/亩）	化肥投入（元/亩）	纯收益（元/亩）	产投比
处理Ⅰ	1.96	524.5	72.67	10.25	141	3 295.6	998	6 448	1.96∶1
处理Ⅱ	1.96	514.3	69.74	9.96	138	3 267.6	974	6 360	1.95∶1
处理Ⅲ	1.41（减量28%）	518.7	74.27	11.09	152	3 585.4	831	7 774	2.18∶1
CK	0	479.0	65.02	9.11	129	2 536.8	0	4 411	1.77∶1

技术要点：

①化肥施用技术措施：香蕉的滴灌施肥过程划分为4个时

期：苗期、营养生长期、孕蕾抽蕾期、挂果收获期。滴灌施肥参考表4-5。

②滴灌肥料选择。选择合格的尿素、磷酸一铵、硫酸钾、硫酸镁等肥料，杂质较少，溶于水后不会产生沉淀，可用作追肥。追肥补充微量元素肥料，一般与磷素错时施用，以免形成不溶性磷酸盐沉淀，堵塞滴头。

③注意事项。香蕉生育期的化肥施用全部由滴灌管随水滴施，先滴施清水10～15分钟，滴施化肥20～30分钟，再滴施清水10分钟，以清理滴灌管内残留肥料；施肥完成后，冲洗过滤器，以免造成肥料堵塞；复合微生物液体菌肥由喷灌带随水喷施。

表4-5　"一带双管"香蕉化肥减施施肥量

单位：千克／公顷

生育期	N		P$_2$O$_5$		K$_2$O		MgSO$_4$	
	用量	次数	用量	次数	用量	次数	用量	次数
苗期	54.70	4	17.02	4	145.12	4	8	2
营养生长期	84.42	5	21.28	5	181.40	5	19	4
孕蕾抽蕾期	118.33	6	46.81	6	217.67	6	15	3
挂果收获期	31.53	2	29.79	5	263.02	5	0	0
合计	288.98	17	114.91	20	807.21	20	42	9

注：总施肥量 $N:P_2O_5:K_2O=1:0.4:2.80$。

（六）香蕉有机肥替代化肥技术

本项技术由国家香蕉产业技术体系、中国热带农业科学院海口实验站提供。

技术概述：香蕉是大水大肥作物，长期以来化肥的过量施用，造成植蕉区土壤质量恶化、产量降低、果品下降、土传病害频发等系列问题，严重影响产业的可持续发展。有机肥替代化肥技术是指通过施用生物有机肥和有益微生物菌肥等有机肥料，替代部分化肥，从而降低化肥用量，实现改善植蕉土壤环境，提高果实产量和品质，降低香蕉枯萎病、叶斑病等病害发生的目的。目前该技术正在国内大蕉园推广应用，减肥增效效果显著。应用有机肥替代化肥技术可以在降低化肥成本20%以上条件下，实现产量提高5%以上，果实品质明显提升，香蕉叶斑病和枯萎病发病率明显降低。

技术要点：

①调整化肥和有机肥的比例。按照生产成本，目前生产上化肥和有机肥的普遍成本比例在6∶4，该技术重点调整该比例为3∶7。

②具体生产管理措施。在苗期采用埋施方式，施用固体生物有机肥，营养生长期增施有益微生物菌肥（液态菌肥最佳），液态菌肥可以通过水肥一体化管道喷施，施用周期为每隔15天喷施1次，生长期施用8～10次，总施用量为1～1.5千克/株（表4-6）。在此基础上化肥推荐用量：N 200～250克/株、P_2O_5 50～75克/株、K_2O 600～750克/株、CaO 50克/株。

表4-6 香蕉液体微生物菌肥施用量

总用量（克/株·年）	30天	45天	65天	85天	105天	125天	145天	165天	185天	215天
1 000	150	150	150	150	100	100	50	50	50	50

适宜区域：该技术适合所有产蕉区，特别是需要进行土壤改良和枯萎病防控的蕉园。

（七）有机物田间液体发酵技术

本项技术由国家香蕉产业技术体系、中国热带农业科学院海口实验站提供。

技术概述：应用的复合微生物液体菌肥是依托国家香蕉产业技术体系研发中心和中国热带农业科学院热带生物技术研究所的支持，采用独特配方工艺，以高营养植物蛋白、虾肽氨基酸等动植物原料为基质，通过复合微生物菌群梯度发酵而成的高浓缩复合微生物液态菌肥，其有机质含量>100克/升，有效活菌数>1亿个/毫升，氮磷钾含量>60克/升，目前产品获得授权发明专利9件，2021年1月获得农业农村部菌肥登记1件。

为降低种植户的生产成本，配套研发有机物田间液体发酵技术，即通过添加香蕉专用型微生物菌液（剂），将有机物进行田间液体发酵，发酵液利用喷灌带喷施，实现有机肥和化肥全程水肥一体化施用，有效降低化肥用量与成本，实现第一代香蕉单株肥料成本不超过12元，香蕉产量、品质全面提升。2021年6月，海南儋州试验场国家香蕉产业技术体系香蕉示范基地现场测产结果表明，应用自主选育的抗病品种宝岛蕉，配套有机物田间液体发酵技术以及一系列轻简化新技术，2021年5月中旬开始收获，宝岛蕉生育期缩短至11～12个月，收获率达到95%以上，商品果率98.18%，残次果减少41.80%，亩产量4 323千克，比对照增产37%，一代蕉园无香蕉枯萎病的发生。产品研发团队在全国范围内与相关企业合作，目前已在海南、广西、云南、广东四省（自治区）建立18个香蕉示范基地，总面积超过10 000亩，长期试验示范表明，示范点内枯萎病发生率降低至5%以下，将枯萎病由过去的"不可防控"变为如今的"可防可控"，让过去因发病而丢荒的蕉园，现在又重新种上了香蕉，为实现香蕉产业提质增效、产业扶贫和乡村振兴提供技术支撑。

技术要点：

①调整化肥和有机肥的比例。按照生产成本，单株香蕉肥料成本约为11.5元，其中化肥成本3.6元/株，有机肥成本7.9元/株，有机肥和化肥的比例为7∶3。

②田间二次发酵所采用的有机物料可以是植物源（各类饼

肥）、动物源（骨粉、鱼粉等）、蔗渣、糖蜜等按照一定比例添加，复合微生物液体菌肥作为种子液以发酵总量的10%添加，极大降低生产成本（图4-105）。

③田间二次发酵所用到的水源要求洁净，最好是干净的井水，地表水需经过过滤使用。

图4-105　有机物料二次发酵池

（八）宿根山地蕉"钉子肥"技术

本项技术由国家香蕉产业技术体系、云南省农业科学院农业环境资源研究所提供。

技术概述：一种在蕉秆上施肥促进宿根蕉苗生长的技术，可减轻山地蕉施肥难度，精准定量定向施肥不浪费，采后母株营养转化与钾素高效利用，调节收获期，错峰上市增效益，蕉秆就地还田，环保安全，并兼防象甲。研究发现香蕉采后母株尚有大量的养分和水分可利用，独家研发了一种在香蕉茎秆上专用的可降解和转化蕉秆营养的缓释型固体肥——"钉子肥"及其施肥技术。用专利打孔器在采后母株假茎上打孔，精准定量定向放入"钉子肥"，高效转化采后母株剩余的营养和水分，"反哺"后代蕉苗，促进后代快速健壮生长，提早抽蕾和收获，同时，使茎秆快速腐解还田，减少了香蕉假茎象甲的产卵和存活场所，降低虫源量，减轻其危害。该方法不仅降低了山地蕉的施肥难度，而且不受天气影响，省工省力，在云南多个公司应用结果显示，该产品和配套技术可增产1～3千克/株，缩短生育期约1个月，茎秆腐解还田速度是常规的2～3倍。

技术要点：

①使用该技术首要的条件是香蕉采收后母株茎秆保持绿色。此时，使用专业施肥器在母株茎秆60～90厘米处，施肥器与母株茎秆呈45°向下开孔施肥（具体施肥高度视人的实际身高而定）

（图4-106），每株母株茎秆打2个孔，不同方向，同一高度，总用量约100克/株（图4-107）。

　　②整个施用过程所需时间不到1分钟。为了防止母株茎秆水分及养分的流失，建议采收后越早施用越好。

图4-106　母株茎秆打孔

图4-107　缓释型固体肥效果

　　③"钉子肥"成本约2元/株，单人操作，施肥时间1分钟，吸收率达95%，肥效可持续2 ~ 3个月。

（九）绿色香蕉营养免疫栽培技术

　　本项技术由国家香蕉产业技术体系、云南省农业科学院农业环境资源研究所提供。

　　技术概述：香蕉营养免疫栽培技术是指在香蕉生长过程中，根据香蕉植株不同时期的生长需求，及时补充所需养分，使植株营养均衡，生长健壮，实现营养防病、免疫抗病、绿色生产。该技术主要包括"根部理疗""免疫注射""营养保叶"等栽培技术。香蕉营养免疫栽培技术主要是通过根部理疗、免疫注射、叶片喷施营养等技术环节，使植株健壮，实现免疫抗病，香蕉花蕾大，果串重、梳数多，果品优良的效果。例如香蕉免疫注射是通过注射免疫剂，增强香蕉自身的免疫抗病能力，来取代传统"有病治病"的农业措施。每个生长周期注射5次，能加快叶片抽生速度，增粗茎秆，增强叶片光合效率、提高抵御不良天气（风灾、寒害、高温、干旱等）的能力。香蕉营养免疫栽培技术与传统栽培方式相比，能激发香蕉植株的潜能，使植株健壮、优质，从源头上减少农药的使用，是可持续发展的现代农业栽培方式。

技术要点：

①根部理疗。与传统的栽培技术相比，香蕉营养免疫栽培技术更注重香蕉根系的护理。根部是植物吸收营养和水分的关键部位。根部理疗技术在常规施肥的基础上，结合滴灌系统，定期追施生物黄腐酸、氨基酸等有机液体肥料，每次10～20克/株，从苗期开始追施直至采收。长期使用该类型的有机液体肥料能有以下功效：1）改良土壤，改善土壤结构，提高根际土壤保水保肥的能力。2）促发生根，如苗期能提高蕉苗的存活率，显著缩短缓苗期。3）激发土壤有益微生物的繁殖，根际环境良好，植株根部病害少，蕉园健壮少发病。

②免疫注射。香蕉免疫注射技术是通过注射的方式，把免疫剂直接注入假茎，来增强香蕉植株免疫抗病能力，是一项从菲律宾引进的、新的农业技术措施。香蕉注射技术的流程如下：1）按比例配制香蕉免疫注射剂。2）定植后1个月开始可使用香蕉免疫注射剂。花芽分化前的植株以滴香蕉叶芽的方式进行；从花芽分化期开始可进行香蕉免疫注射。具体方法：往植株离地约50厘米处，针口斜向下45°、略偏离假茎中心注入即可。3）每次注射完毕后，用酒精或高锰酸钾溶液消毒注射器的针头。

③营养保叶。香蕉是多年生的常绿大叶草本植物，生长周期长，产量高，每年需从耕地带走大量养分。所以除通过根系补充氮、磷、钾等大量元素外，需定期按需补充各种营养和钙、硼、镁、铁、锰等中微量元素。定期补充营养免疫剂和各种中微量元素能使植株营养均衡，提高叶片光合效率和营养代谢能力，增强植株免疫能力和抗病能力。如每生产1吨香蕉需从土壤带走约150

克钙。南方土壤长期受雨水淋溶影响，大多数耕地钙含量偏低，尤其是多年种植的香蕉园产区。缺钙的田间表现症状为叶脉增粗，叶片抽生慢，难展开，蕉果果皮薄，裂果等；缺钙的植株往往容易感病，易受强风、低温等影响。香蕉营养免疫栽培技术要求从苗期开始定期喷施0.5%的硝酸铵钙或其他钙含量高的免疫剂来缓解缺钙症状，增加细胞壁厚度，增加细胞组织间的紧密度，增强免疫力，提高香蕉抗病能力。

（十）香蕉果实套袋技术

本项技术由国家香蕉产业技术体系、中国热带农业科学院海口实验站提供。

技术概述：香蕉果皮的组织幼嫩，是肉质结构，也很易受到病虫危害以及机械损伤。特别是在幼果期更易受到病虫害的侵害和机械损伤，严重降低果实质量和经济效益。如香蕉黑星病和炭疽病，主要危害叶片和果实，发生黑星病的果实果皮上散生或聚生着无数小黑点，影响果实发育，严重的造成果肉硬化。发生炭疽病的果实果皮变成黑色，严重者造成果实腐烂。又如受到香蕉蓟马危害的果皮发生许多凸起的小点，被害果皮粗糙，且极易被黑星病和炭疽病病菌侵入，使果皮变成黑色，降低质量。再如果皮的机械损伤主要来自风害的损伤，当蕉园风速大时，蕉叶摆动与果皮互相摩擦，造成严重机械损伤，易被病菌侵入危害。由此可见，香蕉果实受到病虫和机械损伤后，会严重降低香蕉的产量和质量以及经济效益。因此，在香蕉生产上大力推广香蕉果实套袋技术，进行保果护果，可减少病虫害和机械损伤，增加经济效益。

技术要点：

①香蕉果实套袋时间的选择。适宜的套袋时间要根据品种、树龄、树势、物候期不同而定。冬春时间低温季节，套袋时间一般在香蕉断蕾到幼果转绿后进行套袋较为方便。但在温度变化过大或出现霜冻前要在蕉蕾抽出向下弯后，及时套袋。夏秋时期高温季节，套袋时间一般宜在断蕾到幼果散开后进行。如套袋过早，

因幼果病虫多，难以喷药防治，同时还影响果指向上弯曲，不利于形成梳形，卖相不佳；如套袋过迟，则达不到防晒、防雨、防虫、防病、防寒、保果的目的。

②香蕉果实套袋前的处理。香蕉果实套袋前要喷杀菌剂和杀虫剂的混合药液一次以防治炭疽病、黑星病和蓟马。待药液干后及时进行套袋。

③套袋材料和规格的选择。外层用0.03毫米厚浅蓝色或银灰色的聚乙烯塑料薄膜袋，套长140～160厘米、宽90厘米，内层套长120～140厘米、宽90厘米的珍棉袋。套袋前，先套定型袋，可使收获时的香蕉把型更为整齐漂亮；然后再把珍珠棉袋放入蓝色薄膜袋内，张开袋口，对准蕉穗从下往上将整个果穗套入，在果轴处用绳扎紧袋口，以避免雨水流入袋中。套袋的大小和长度可根据蕉穗的大小、长短而定。冬春时期低温季节套袋时，袋的上端套入到蕉轴的弯曲处之上，并把袋口的上端扎紧，以防止冷气侵袭，提高袋内温度。为防止套袋后，袋内积水，可在袋口的下端刺穿几个小孔，排除袋内积水，在低温时或在出现霜冻之前，可用同样的方法在内层加套一层珍珠棉袋，提高防寒效果。夏秋时期高温季节套袋时，要选用袋口较大一些的塑料膜袋。套袋时动作要轻，防止袋与果实摩擦损伤果实。先在袋的中上部位置打对称的4组8个小洞后，再进行套袋，更有利于袋内通风透气，袋口的上端套入到蕉轴弯曲处之下，并把它扎紧在蕉轴上，为防止袋内高温灼伤果皮，套袋时可把靠近蕉轴的那片护叶一起套入到袋内盖在阳光直射方向的上面。袋口的下端不要封闭，使袋口张开降低温度。

（十一）应用天地膜加强香蕉抗寒种植技术

本项技术由国家香蕉产业技术体系、广西农业科学院生物技术研究所提供。

技术概况：天地膜抗寒技术主要应用于广西和广东香蕉产区，主要作用是提高天膜内的小环境和土壤温度，保护种苗安全过冬和保持土壤水分等。此技术主要是针对11月左右定植的秋植蕉，减少秋植蕉过冬遭受冷害的风险。秋植蕉的果发育处于高温多雨季节，产量高、质量好，容易获得较高的经济效益；夏植蕉一般是挂果过冬，也容易遭受冷害，但由于树体高大，只能应用地膜保温，无法使用天膜保温技术。

技术要点：

①天地膜应用于香蕉抗寒，主要作用是"提高土温、保持土壤水分"，尽量保持香蕉苗生长的水温环境（图4-108）。

图4-108　广西天地膜抗寒栽培

②此技术主要是针对11月左右定植的秋植蕉，秋植蕉遭受冷害的风险比春植蕉大，但其蕉果发育处于高温雨水季节，容易获得优质高产；夏植蕉也易受冷害影响，但只能应用地膜保温保湿，高大抽蕾植株不宜采用天膜保温。

③盖地膜前需清除地面杂草，可分行或整片地覆盖，地膜需拉紧平铺与地面贴紧；地膜可采用普通地膜，白色或蓝色均可；定植蕉苗时按株行距开口种植。目前研究表明，冬春季应用地膜保温外，全年应用地膜覆盖也能起到保水的效果，对增产有积极作用。

④覆盖地膜和定植蕉苗后，为了缓解冬春的低温冷害，通常还需盖白色透明天膜，这样会取得更加理想的防寒效果；盖天膜时分行用竹条搭建小拱棚，棚底宽度1米左右，周围用泥土压实，防寒期间以不漏风、不漏水为宜。若遇到气温急剧回升的情况，应将膜开口通风。

（十二）山地香蕉无落地轻简化采收技术

本项技术由国家香蕉产业技术体系、华南农业大学工程学院、云南省农业科学院农业环境资源研究所提供。

技术概况：香蕉栽种的地理环境复杂，香蕉采收后运输困难，传统的肩背马驮、简易临时包装设施等容易造成果皮机械损伤大，影响蕉指外观品质和催熟质量。该技术主要是通过使用"多功能采收索道""山地蕉双轨运输车"等技术创新设施，从采收和包装环节保证香蕉蕉指的品质，达到省工、省力、优质、高效的效果。例如使用多功能山地采收索道代替肩背马驮，一个人单次可轻松搬运500千克的香蕉，大大降低劳动强度，提高劳动效率；并且蕉串和蕉串之间有足够的活动间距，在搬运过程中不相互挤压和摩擦，香蕉果皮保持清秀、干净，大大提高蕉指品质；收购价格较传统采收高10%～15%。

技术要点：解放生产力，使香蕉采收流程机械化、规范化，具体如下所示。

①多功能采收索道。结合不同产区地形复杂的特点，研发出适合山地使用的"多功能采收索道"（图4-109）。香蕉采收后，依

图4-109　无落地轻简化索道采收

次悬挂在索道上，相互连接，重达500千克的香蕉一个人可轻松运输；蕉串与蕉串固定间距，在搬运过程中不相互挤压，蕉串上下不晃动，蕉梳与蕉梳间的摩擦少，真正实现无损伤采收。

另外，该"多功能采收索道"可水平双向运输，实现"香蕉无损伤采收""生产物资运输"；索道与滴灌系统相连，可缓冲和调节水压，实现供水，一管多用，为提高基地生产管理效益和节约成本发挥了很好的作用。

② 山地蕉双轨运输车（图4-110）。为解决不同坡度山地蕉园香蕉纵向运输难的问题，由华南农业大学工程学院研发出山地蕉双轨运输车，该设备由电力绞盘牵引、遥控式双轨采运车、托接减震装置、刹车制动装置、缓冲垫等部件组成，可

图4-110　双轨运输车

在坡度较大的蕉园实现香蕉的无损垂直运输，操作简便，运送量大，极大降低劳动强度，提高运送效率。

（十三）香蕉保鲜与贮运轻简化实用技术

本项技术由国家香蕉产业技术体系、华南农业大学提供。

技术概况：该项技术以控制低乙烯为核心，可显著延缓香蕉、粉蕉类等果实软化成熟，为减少香蕉、粉蕉类果实的采后损失、提高商品档次、延长保鲜期和调节市场供应期提供有力的技术支撑。本技术节能低碳，符合我国低碳经济发展战略，低成本，节省能源；本技术可用于常温贮运，在冷链条件下效果更好；轻简实用，可操作性强，保鲜效果好，可减少采后损失20%～30%。

技术要点：

①生产优质健康耐贮藏运输的香蕉。加强采前防病技术和栽培田间管理，生产优质健康耐贮藏运输的香蕉。

②确定香蕉采收时果实适宜饱满度。尽可能减少采收对果实的损伤，并根据不同品种确定适宜的采收成熟度，果实适宜饱满度的确定与不同的品种和收获季节及商品要求有关。如，香蕉在夏季高温收获，采收适宜的饱满度约七成，秋冬季气温较低采收的适宜果实饱满度约八成，而商业上要求粉蕉采收的饱满度八成五至九成，采收的粉蕉饱满度过低会严重影响粉蕉的品质。

③采后处理技术。在轻简采后处理生产线进行去轴落梳、清洗整理、风干和包装（图4-111）；使用经筛选优化的安全高效的杀菌剂和清洗剂，有效防止香蕉冠腐病、炭疽病和"水烂"。

图4-111　简易包装生产线

④控制低乙烯。这是该项技术的关键，包括采用高效乙烯吸收剂（包括1-MCP保鲜纸等）处理，同时结合乙烯受体抑制剂及自发气调包装，可以延缓香蕉软化成熟和采后病害的发生。

第五章 香蕉常见病虫害及其防治技术

一、病虫害防治概述

"预防为主，综合防治"是植物保护工作的方针，香蕉病虫害的防治也必须遵循这一原则。

"预防为主"包括以下三方面内容：①消灭病虫来源或降低发生基数。②消除病虫发生危害的环境条件。③采取适当措施，把病虫消灭在大量发生和显著危害之前。

"综合防治"可以针对某一种病害或虫害，也可以针对某种在本地区发生的主要病虫，通过实施一系列的防治措施，达到控制其危害的目的。

"综合防治"的内容一般包括：植物检疫、农业防治、生物防治、物理机械防治和化学药剂防治五大类。采用综合防治不是各种方法的拼凑，也不是花样愈多愈好。要将各种措施合理组合，互不干扰，如生物防治有时会与化学药剂防治发生矛盾，应用时要合理安排；防治不是以完全消灭病虫为目标，而是要将病虫的种群和数量控制在经济允许水平以下，即不因病虫危害而使产量及品质受到损失为宜；要使防治措施对环境、有益生物和产品安全等不利影响减少到最低程度。综合防治的各项措施：

1.植物检疫 植物检疫是国家（或省市）为了防止农作物危险性病、虫、杂草随同农产品传播蔓延而颁布的强制性法令、规定和办法。该项措施目的是将危险性病虫限制于国境（地区）之外，因此是最经济而有远见的一项措施，特别是当今农产品交流及引种工作日趋频繁，这就更增加了植物检疫工作的重要性。

2.农业防治 运用改变农业栽培技术措施来控制、消灭病虫发生和危害的方法。其主要措施包括：土壤的深耕和改良，肥水管理的改善，实行轮作和间作套种，清洁田园与清除病残，选用抗病虫品种，提高植株抗病虫能力。由于它是结合农业栽培措施的改进来实施的，资金投入少，省工、省时。

3.生物防治 利用生物间互相制约的关系来防治病虫害的各项技术，主要包括以虫治虫、以菌治虫、以菌防病等方法。由于生物防治的效果持久，方法灵活，经济安全，有利于降低公害。

4.物理机械防治 利用各种物理方法和器械来消灭病虫的方法。这种方法不污染环境，特别是在其他方法不适用或受到限制时，应用此法会显示出其优点。如温汤浸种杀菌及黑光灯诱杀成虫等。

5.化学防治 利用农药进行病虫防治。尽管使用农药会带来公害，但是由于此法有着快速、高效、受环境条件影响小、较节省人力和时间等优点，特别是有些病虫害尚无其他有效的方法，因而目前病虫防治中仍占有重要的位置。在使用化学防治应遵守以下农药使用基本准则：

①使用高效、低毒、低残留农药。防治香蕉病虫害，宜使用植物源杀虫剂、微生物源杀虫杀菌剂、昆虫生长调节剂、矿物源杀虫杀菌剂以及低毒、低残留农药。

②限用中等毒性有机农药。对中等毒性的农药应在前期使用或关键时期限量使用。

③不使用未经许可生产的农药及禁用农药。不应使用未经国家有关部门登记和许可的农药；不使用剧毒、高毒和高残留或具有"三致"的国家禁止使用的农药。

④严格执行国家规定的农药使用准则。参照相关农药使用准则和规定，严格掌握施用剂量、每季使用次数、施药方法和安全间隔期。对标准中未规定的农药，应严格按照该农药说明书中的规定进行使用。不得随意加大剂量和浓度。对限制使用的中等毒性农药，应针对不同病虫害防治对象，使用其浓度允许范围中的下限。

⑤注意交替使用农药。在香蕉生产中，提倡将不同类型农药交替使用，以防止病原体和害虫产生抗药性。

⑥不断提高施药技术。掌握病虫害的发生规律和不同农药的持效期，选择合适的农药种类、最佳防治时期和高效施药技术，达到最佳效果。同时了解农药毒性，使用选择性农药，减少对人、畜、天敌的毒害，以及对产品和环境的污染。

⑦严格掌握用药安全间隔期。对限制使用的农药，其最后一次用药至香蕉采收的间隔期，应在30天以上；允许使用的农药，其最后一次用药至采收的间隔期，应在20天以上。

⑧根据不同季节、香蕉不同生长发育期调整农药种类、剂型、剂量和浓度；药械使用前后要清洗干净，避免产生药害。

二、香蕉主要病害及其防治

据不完全统计，目前我国共鉴定出香蕉病害种类有35种，其中真菌病害18种，病毒病害3种，细菌性病害3种，线虫病害4种，生理性病害7种。常见病害主要有香蕉枯萎病、香蕉束顶病、香蕉花叶心腐病、香蕉叶斑病、香蕉黑星病、香蕉炭疽病、香蕉细菌性软腐病及香蕉非侵染性病害。其中，香蕉枯萎病、香蕉叶斑病、香蕉黑星病是目前我国香蕉三大主要病害。

（一）香蕉枯萎病

1.症状特点及流行条件　香蕉枯萎病（Fusarium wilt），又称巴拿马病或黄叶病，是由尖孢镰刀菌古巴专化型（*Fusarium oxysporum* f. sp. *Cubense*，Foc）引起的一种土传维管束病害。该病于1874年在澳大利亚被发现；1890年，在中南美洲的巴拿马发生。由于中南美洲主要种植的香蕉品种大蜜哈（Gros michel，AAA）高度感病，该病于1910年在巴拿马大流行，造成大量蕉园的植株死亡、毁园和绝收，直接导致了香蕉出口产业的衰退，破坏了巴拿马乃至整个中南美洲的农业格局。因此，香蕉枯萎病也被称为"巴拿马病"（Panama disease）。经病原鉴定，引起大蜜哈品种枯萎病的病原菌为香蕉枯萎病菌1号生理小种（Foc race 1，Foc1）。20

世纪50年代，受Foc1侵染所导致的香蕉枯萎病影响，大蜜哈品种退出了国际市场。抗Foc1的品种香牙蕉（Cavendish，AAA）的出现拯救了濒临灭亡的世界香蕉产业。1967年在我国台湾发现了对香牙蕉致病的香蕉枯萎病菌4号生理小种（Foc race 4，Foc4），香蕉产业再次面临严重威胁。20世纪70年代，在菲律宾发现香牙蕉品系被Foc4侵染。20世纪90年代，Foc4严重危害印度尼西亚和马来西亚的香牙蕉蕉园。随后，Foc4从亚洲的香牙蕉种植国家扩展至澳大利亚、中东、印度和非洲，仍在向未发病的香蕉种植国家和地区不断蔓延。我国是世界香蕉的主产国，也是世界上最大的香牙蕉生产国。香蕉种植是广东、广西、海南、福建等地农业的支柱性产业。香蕉枯萎病的发生给我国香蕉产业带来了毁灭性的打击。自1967年在我国台湾香牙蕉发现Foc4以来，10年间，台湾香蕉种植面积就从50 000多公顷锐减至4 908公顷，几乎摧毁了整个台湾省的香蕉产业。1996年在广东省广州市番禺区首次发现Foc4，在此后的5年间，该病迅速蔓延至广东全省。2000年，与广东省毗邻的福建省漳州地区发现Foc4；2001年，在海南省三亚市发现Foc4；2009年，在云南西双版纳傣族自治州勐腊县香蕉产区发现Foc4；2012年，广西也报道了Foc4的出现。截至2019年5月，香蕉枯萎病在我国所有的香蕉主产区均有报道，给香蕉产业造成了严重影响，甚至造成蕉园毁灭丢荒，香蕉种植面积迅速减少，损失惨重，成为制约我国香蕉生产的最重要因素。

香蕉幼苗期感染枯萎病的症状不明显，难以识别，至成株期表现症状（图5-1a）。首先表现为最下部的叶片边缘变黄色或者橙黄色，逐渐由边缘扩张到中脉，靠近叶鞘处的叶柄随着叶片的整片枯萎变黄折断，并倒垂在假茎周围（图5-1b）。发病顺序为自下而上，由最下部的叶片逐渐扩展到上部叶片至整株。有些植株在叶片黄化枯死的同时，伴随着假茎基部纵裂（图5-1c），开裂的次序是由外部近地面的叶鞘开始，逐渐向内扩展，表现为层层开裂，裂口处出现褐色干腐病斑，横切假茎及球茎可以在中柱髓部及周围，维管束组织变红褐色，颜色较深的可见黑褐色的病变，病斑部位呈分散或者连续的排列（图5-1d）。将假茎纵剖，可见由茎基部乃至球茎延伸到假茎中部或者更上面的线条状维管束病变，颜色由下至上逐渐变浅。

图5-1　香蕉枯萎病的症状

a.发病严重地块　b.发病植株　c.假茎基部纵向开裂　d.假茎纵剖面变褐

香蕉枯萎病的大型分生孢子，一般具有隔膜3～5个，大多数为3个隔膜；镰刀状或者弯月形，无明显颜色，大小为（30～43）微米×（3.5～4.3）微米；小型分生孢子，较小、数量较多，圆形至椭圆形，多数为单胞，只有少数为双胞；厚垣孢子球形，顶生或间生、单生，偶有两个连生。

病原菌最适合的温度为25～30℃，最适的pH为5，最喜弱酸性环境；枯萎菌为兼性寄生菌，腐生能力强，病原孢子可以在土壤中存活10年以上。病菌的长距离传播主要是靠水、植物材料、远距离运输，特别是在雨季，病原孢子随着雨水的流动进行传播扩散，流入的孢子可以随着农事操作等在不同的植株间扩散，遇到合适的温度、湿度孢子即萌发，在病区50％以上的吸芽是带菌的，另外通过不同区域间种苗的调运传播也是目前枯萎病蔓延的主要因素。

　　2.防治方法　通过十余年的联合攻关，国家香蕉产业技术体系专家在香蕉枯萎病综合防控上取得重要进展。建立在抗病新品种选育、病原菌快速检测、土壤调理培肥、微生物菌肥研发及配套栽培技术等方面取得一系列成果，形成了以"蕉园土壤病原菌含量快速检测为指导、土壤调理培肥为基础、抗（耐）病品种选育应用为核心、有益微生物添加为补充、少耕免耕栽培为配套的'五位一体'香蕉枯萎病综合防控技术体系"（图5-2），具体措施详见第四节技术1。

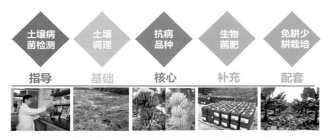

图5-2　"五位一体"香蕉枯萎病绿色综合防控策略

（二）香蕉束顶病

　　1.症状特点及流行条件　香蕉束顶病俗称蕉公、虾蕉，是香蕉常见的病毒病害。我国各蕉区多次流行危害，以旧蕉区较严重。香蕉束顶病最典型的病征是病叶背面沿侧脉和叶柄或主脉的基部出现一些深绿色的条纹，俗称青筋（图5-3），叶片较直立狭小，硬脆易断，叶边缘明显失绿，后变枯焦，新叶越抽越小而成束，植株矮缩直至枯死（图5-4）。孕蕾期前的病株一般生长缓慢，矮化，不抽蕾挂果；若抽蕾时发病的植株抽出的蕾和所结的果实畸形细小，味淡，无经济价值。病株根尖变红紫色，无光泽，大

图5-3　主脉基部青筋

图5-4　香蕉束顶病症状

部分根腐烂或变紫色，不发新根，病株最后枯死。抽穗后期染病，穗轴虽能下弯，但香蕉生长停滞，不能食用，病株根系生长不良或烂根，假茎基部变成微紫红色，解剖假茎有的可见褐色条纹，外层鞘皮随叶子干枯变褐或焦枯。少数抽蕾后吸芽感病的母株，果稍瘦，味较淡，失去商品价值。

香蕉束顶病的病原为香蕉束顶病毒（*Banana bunchy top virus*，BBTV）。该病毒主要靠香蕉交脉蚜虫以连续吸食方式传播。该蚜虫在病株上连续吸食17小时以上，再到健株上吸食1.5小时以上，即可使健株染病。蚜虫传播病毒后病原可保持14天，但携带病毒的蚜虫后代不传毒。香蕉受带毒蚜虫刺食后，病毒的潜育期与植株的生长状况及气候因素有关，一般4个月或更长时间，最快（夏季）1个月就可出现症状。在冬季自然条件下，10—12月带毒蚜虫刺食后的吸芽，病害的潜育期可达152～216天。而嫩弱的试管苗感病后，在日平均气温20～30℃条件下，病害的潜育期为15～65天。带毒吸芽种植和带毒蚜虫的传染是发病的主要途径。该病在香蕉各生育期均可发病，取决于蕉园中病株和香蕉交脉蚜的发生情况，一般3—5月为盛发期，主要是上一年10—11月多为高温干旱期，蚜虫发生多，而该期刚抽生不久的吸芽生长慢，易感蚜虫，带毒的吸芽在春暖快速生长时就会发病。粗放栽培的蕉园，只要有病株及蚜虫的存在，就有更多的植株感病。

2.防治方法　香蕉束顶病至今尚无有效的治疗办法，但通过一系列的栽培管理措施可对该病的发生蔓延起到良好效果，具体如下。

①采用无病组培苗或无病蕉园的吸芽苗种植。用于组培的种源，要用防虫网室内栽培或从无病蕉园的母株取吸芽，最好是4—6月生长的红笋芽。②选择通风的园地，采用合理的种植方式及密度，加强肥水管理，创造不利于蚜虫滋生的环境，提高香蕉植株的抗病力。③加强蕉园管理，合理施用化学药物防治香蕉交脉蚜，切断虫媒，确保蕉园无蚜虫流行。④最为重要的是，发现病株后，应及时喷药杀死蚜虫后挖除病株，发病严重的蕉园，要与水稻等作物轮作一造后才能再种植香蕉。

（三）花叶心腐病

1.症状特点及流行条件　一般是花叶和假茎腐烂同时发生于一株，但有时也仅发生花叶或心腐。外部症状：叶片上出现褪绿的黄色不连续条纹或纺锤形圈斑（5-5a），随着叶片老熟，这些条纹或圈斑逐渐变为黄褐色至紫黑色，最后成枯纹或枯斑（图5-5b）。病情发展严重则心叶黄化、腐烂，病株出现叶缘卷曲或皱缩，抽蕾时发病的植株，果轴或花苞出现黄色条纹圈斑，果实出现黑斑点，发育不良，无经济价值（图5-5c）。内部症状：病株假

图5-5　香蕉花叶心腐症状
a.花叶　b.心腐　c.果穗发病状

茎里出现小的水渍斑点，以后变黄褐色，再变深熏烟色至血红色，病部随后坏死腐烂，心叶腐烂即为心腐。假茎纵切可见病部成长条状，横切则成环状斑块，腐烂有时可延至球茎处。幼嫩的试管苗发病，多先表现花叶，后心腐（图5-6）。

图5-6　香蕉花叶心腐病小苗症状

香蕉花叶心腐病（*Bananaheart rot mosaic virus*）的病原为黄瓜花叶病毒（*Cucumber mosiac virus*，CMV）的一个株系。该病毒的传播媒介很多，有棉蚜、玉米蚜、禾缢管蚜、桃蚜等多种蚜虫，以不持续方式传播。香蕉交脉蚜可以传播该病毒，但传播能力很低。此外，该病毒可以通过汁液摩擦或机械接触方式传播。该病毒的寄主范围很广，除香蕉外，黄瓜等葫芦科作物，番茄、辣椒等茄科作物，油菜等十字花科作物，玉米等禾本科作物，以及一些杂草等近800种植物，都是其寄主植物。而且蕉园间种的寄主作物及杂草更易导致该病的发生。香蕉花叶心腐病的初侵染源主要是田间病株和吸芽，蕉园内病害近距离传播主要靠蚜虫，也可以通过汁液摩擦或机械接触方式传播；远距离传播主要是通过带毒吸芽的调运。幼嫩的组培苗对该病极敏感，感病后1～3个月即可发病，吸芽苗则较耐病，且潜育期较长，一般几个月，有时长达12～18个月。在香蕉组培苗生产上，由于种芽增殖快，病毒被稀释，在培养瓶中不显症状，也有少数芽脱毒。大田发病的植株，有时也可见其后代不发病的，有时发病植株的症状在高温天气中可被抑制，但温度适宜时又显症，极少能康复的（弱毒系所致的除外）。一些抑病毒药剂如植病灵可以抑制症状，但较难根治。花叶心腐病株补种后的发病率比束顶病株的低。

该病的发生程度，取决于种苗的带毒性及抗病力，果园及其附近感病植物（如香蕉、间作物、杂草等），蚜虫的种类、数量及传播环境条件。目前发病严重的是用组培苗种植的蕉园，主要与下列因素有关：一是种苗带毒，多为育苗时防虫措施不周或从病蕉园取种芽繁殖的种苗带毒。二是在病区采用太幼嫩的组培苗种植。一般苗干高15厘米以上、叶龄8片以上的组培苗较耐病，假茎高1米以上的植株很少发病。三是种后初期杂草丛生或间种病毒寄主作物。四是在蚜虫发生严重的高温干旱季节（夏秋）用嫩苗种植，且没有防护措施。高湿多雨的春植一般较少发病。

2.**防治方法** 目前，尚无治疗病毒病的特效药，在田间发生时，主要通过及时挖除销毁病株及杀灭蚜虫来控制病害的发展传播。

①实行检疫制度，采用无病种苗。用于组培繁殖的种源要经检疫确认无病后才大规模生产。组培苗的假植要有防虫措施（包括育苗棚设36～40目防虫网，远离蕉园及定期喷药杀蚜虫）。用吸芽苗种植的，要从无病蕉园取吸芽，不要从病区调运吸芽。

②病区种植组培苗，要培育老壮苗，春植宜早，争取高温干旱天气时苗已长大有抗性。一般不采用夏秋植。

③不要间种病毒寄主作物如黄瓜等葫芦科、番茄和辣椒等茄科、油菜等十字花科作物及玉米、桃等作物。勤除杂草，杂草多时使用除草剂最好加入杀虫剂兼杀蚜虫。

④苗期要加强防虫防病工作，10～15天喷1次黑蚜星或劈芽雾等杀蚜虫，同时加喷一些助长剂（如叶面宝等）和防病毒剂（如植病灵1 000倍液或0.1%硫酸锌液），提高植株的抗病力，尤其是高温干旱季节。

⑤及时挖除病株，把病株切块晒干，用吸芽苗补种。重发病蕉园应采用吸芽苗种植或轮种其他非寄主作物。

（四）香蕉叶斑病

香蕉叶斑病是香蕉主要的叶片真菌病害。它是褐缘灰斑病

（黄叶斑病、黑条叶斑病）、灰纹病、煤纹病的统称。该病靠风雨传播感染叶片，病斑分布不均匀，独立存在，在高温高湿环境下发病严重。当大量病斑出现后，叶片迅速早衰，局部或全部枯死，病斑转为灰白色。

1.香蕉褐缘灰斑病

症状特点及流行条件：香蕉褐缘灰斑病分为2种：黄叶斑病，其病原菌为*Mycosphaerella musicola*；黑叶斑病或黑条叶斑病，其病原菌为*Mycosphaerella fijiensis*。黑叶斑病传播速度快，防治困难，危害更加严重。要正确区分黄叶斑病和黑条叶斑病这两种病的症状有时非常困难。通常来讲，黄叶斑病的第一症状是在叶子正面出现浅黄色条纹（图5-7），而黑条叶斑病则是在叶背出现深褐色的条纹，两者开始都是1～2毫米长，然后逐渐加剧扩大成有黄色晕圈和浅灰色中心的坏死组织。病斑汇合从而大面积毁损叶片组织，导致减产和果实的早熟。相比之下，黑条叶斑病比黄叶斑病更为严重，因为它会在更为早期的叶片上发病，因此会损坏植物的光合组织，造成更大的伤害。而且，黑条叶斑病能侵染很多对黄叶斑病产生抗性的品种（比如AAB）。

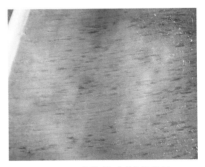

图5-7　香蕉黄叶斑病症状

以黑条叶斑病的症状描述为例（图5-8）。该病发病初期在叶背面产生赤褐色小条纹，肉眼可见的症状常出现在第三片和第四片或者更老的下层叶片上，主要集中在叶缘。小条纹伸长并稍微变宽，形成长轴与叶脉平行的赤

图5-8　香蕉黑叶斑病症状

褐色窄斑。与上层叶片的小条斑相比，下层叶片的小条斑肉眼更容易看到，分布不均匀。叶片上常出现几个病斑汇合形成大条纹。条纹由赤褐色变成黑褐色或几乎黑色，有时略呈紫色，这使得上层叶片表面肉眼更容易看见。病斑继续扩散，使得整片叶变黑。病斑逐渐变宽形成长椭圆形或纺锤形斑点，浅褐色、边缘水渍状。褐色或黑色的病斑中央稍微凹陷，水渍也变得更加明显，水渍状周围的病组织可能稍微黄化。病斑中央脱水变成浅灰色或浅黄色，凹陷加深，边缘暗色。病健组织交界处有亮黄色过渡带。叶子萎陷干枯后，斑点仍有明显的浅色中心和黑色边缘。

防治方法：香蕉褐缘灰斑病的防治，由于病菌对苯丙咪唑类杀菌剂已产生抗性，目前防效较好的为三唑类杀菌剂，如瑞士汽巴嘉基公司生产的25%敌力脱（Tilt）乳油。澳大利亚的昆士兰等香蕉大面积种植地区，在病害流行期，采用敌力脱＋矿物油进行飞机低容量喷雾防治，15～20天喷1次，每年共喷8～10次，可以有效控制病害的危害。在我国主要采取以下措施进行综合防治：

①种植密度合适，定期修除枯叶，除草和多余的吸芽，进行地面覆盖，保持蕉园通风透光。

②加强肥水管理。施足基肥，增施有机肥和钾肥，不偏施氮肥；旱季定期灌水，雨季注意排水，促进香蕉植株生长旺盛，提高抗病力。

③割除病枯叶，减少侵染菌源。

④药剂防治。在病害发生初期开始定期喷药，轻病期15～20天喷1次，重病期10～12天喷1次，重点保护新叶嫩叶，植后3个月至抽蕾期防治，一般4～6次，其他时间结合防虫、施叶面肥施用百菌清、代森锰锌等保护性农药。目前防治效果较好的农药为敌力脱、必扑尔等丙环唑各种剂型农药和25%凯润、苯醚甲环唑等杀菌剂，浓度按说明使用（表5-1）；三唑类杀菌剂1 000倍液与代森锰锌1 000倍液混配使用效果好。

表5-1　香蕉褐缘灰斑病防治使用的主要杀菌剂

商品名称	有效成分	通用名称	作用
敌力脱、必扑尔	丙环唑	propiconazole	治疗、保护
福星、菌克星	氟硅唑	flusilazole	内吸、治疗
粉锈宁、百理通、百菌酮	三唑酮	triadimefon	内吸、治疗
腈菌唑	腈菌唑	myclobutanil	内吸、治疗
四高、思科、势克	苯醚甲环唑	difenoconazole	治疗、保护
凯润	吡唑醚菌酯	pyraclostrobin	治疗、保护
翠贝	醚菌酯	kresoxim-methyl	治疗、保护
肟菌酯	肟菌酯	trifloxystrobin	保护、治疗
拿敌稳	肟菌酯＋戊唑醇	trifloxystrobin + tbuconazole	保护、治疗
喷克、大生M-45、新万生	代森锰锌	mancozeb	保护
丙森锌	丙森锌	propineb	保护

2.香蕉灰纹叶斑病

症状特点及流行条件：香蕉灰纹叶斑病的病原菌为香蕉暗双胞菌 [*Cordana musae* (Zimm.) Hohn.]。该病主要发生在叶片、叶鞘上。叶片受害多从叶缘开始，病斑呈椭圆形或沿叶缘呈不规则形，暗褐色或灰褐色（图5-9a）。新病斑周围呈水渍状，后逐渐扩展为中央浅褐色，具轮纹、斑边深褐色的椭圆形斑，斑外缘有明显的橙黄晕圈（图5-9b）。叶背的病部上常长出灰褐色霉状物。病菌沿叶缘气孔侵入时，初期叶边缘出现水渍状、暗褐色、半圆形或椭圆形、大小不等的病斑，后期沿叶缘联合为平行于叶中脉的褐色、波浪环纹坏死带，秋季后病斑由褐色转为灰白色，质脆。该病的初侵染源来自田间病叶。春季，越冬的病原菌产生大量分生孢子，随风雨传播。每年4—5月初见发病，6—7月高温多雨季节病害盛

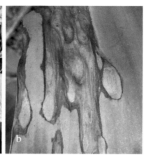

图5-9　香蕉灰纹叶斑病症状

a.整张发病叶片　b.发病叶片局部

发，9月后病情加重，枯死的叶片骤增。发病严重程度与当年的降雨量、雾露天数关系密切；种植密度过大，偏施氮肥，排水不良的蕉园发病严重；矮秆品种的抗病性较差。

防治方法：

①每年立春前清除蕉园的病叶、枯叶并烧毁，减少初侵染源。在香蕉生长期最好每月清除病叶1次。

②控制种植密度。矮把品种种植密度为3 000株/公顷，中把品种为2 250株/公顷，高把品种为1 800株/公顷，最好按宽窄行种植方式合理密植，兼顾蕉园的通风性和荫蔽性。

③合理进行水肥管理多施钾肥、磷肥，不偏施氮肥；雨季及时排水，降低蕉园小环境的湿度。

④药剂防治。高温多雨季节前选用70％甲基硫菌灵600倍液、大生M-45等药剂进行全园预防；当老叶上开始出现少量病斑时，选用250敌力脱乳油1 000 ～ 1 500倍液，400灭病威胶悬剂600 ～ 800倍液，25％多菌灵可湿性粉剂500倍液，60％特克多可湿性粉剂2 000倍液，25％富力库水乳剂1 500倍，12.5％腈菌唑1 500倍液，75％百菌清可湿性粉剂800 ～ 1 000倍液全株喷雾，每隔20 ～ 30天喷1次，并注意交替用药，以防止病菌产生抗药性。

3.香蕉煤纹病

症状特点及流行条件：香蕉煤纹病的病原菌为簇生长蠕孢菌

[*Helminthosporium torulosum*（*Syd.*）Ashby]。香蕉煤纹病多在叶缘处发病，病斑多呈短椭圆形，褐色，斑面上轮纹较明显，病斑背面的霉状物颜色较深，呈暗褐色（图5-10）。病原以菌丝体或分生孢子在寄主病部或落到地面上的病残体上存活越冬，翌春分生孢子或由菌丝体长出的分生孢子借风雨传播蔓延，在香蕉叶上萌发长出芽管从表皮侵入引起发病，后病部又产生分生孢子进行再侵染。发病严重程度与当地的降雨量、环境密切相关；种植密度过大，偏施氮肥，排水不良的蕉园发病严重；高秆品种的抗病性强。

图5-10 香蕉煤纹病症状

防治方法：

①物理防治。新植蕉园最好使用组培苗。如使用吸芽苗应清除病叶和用杀菌剂处理种苗。种植密度合适，定期修除枯叶、除草和拔去多余吸芽，进行地面覆盖，保持园内通风透光。施足基肥，增施有机肥和钾肥，不偏施氮肥；旱季定期灌水，雨季注意排水，以促使植株旺盛生长，提高抗病力。改变把枯枝烂叶乱放乱丢的不良习惯，除冬季全面进行1次清除病枯叶和地面残叶并烧毁外，在生长季节也要及时切除病枯叶加以烧毁，减轻病害的发生。

②药剂防治。从4月就开始定期喷药，轻病期15～20天喷1次，重病期10～12天喷1次，重点保护心叶和第1、2片嫩叶。一般年喷6～8次。常用的药剂有25%多菌灵可湿性粉剂250倍液，或70%甲基硫菌灵可湿性粉剂700倍液，或70%代森锰锌可湿性粉剂400倍液，或70%百菌清可湿性粉剂800倍液，或50%十三吗啉乳油500倍液，或敌力脱乳油1000倍液。上述水剂最好按总药液量加入0.1%洗衣粉，常量喷雾。另据试验，25%敌力脱乳油、25%势克乳油、12.5%腈菌唑乳油和25%富力库水乳剂，对防治香

蕉叶斑病均有较好的防治效果，对香蕉安全，是防治香蕉叶斑病的优良药剂。

（五）香蕉黑星病

1.症状特点及流行条件 香蕉黑星病主要危害叶片及果实。感病植株的下部叶片先发病，叶片、叶柄上散生许多深褐色至黑色、突起的小黑粒，扩大后形成圆形黑色斑块，病害逐步向中、上层叶片发展，导致大量叶片发病，严重时叶片变黄、提早干枯，但嫩叶很少发病。挂果后，青绿色的果皮逐渐出现许多小黑粒，果穗向外一侧发病多于内侧，严重时穗轴及蕉果内侧也集生大量微小黑粒（图5-11a）。果实成熟时，在小黑粒的周缘会形成褐色的晕斑，使果皮变黑、硬度不均，后期晕斑部分的组织腐烂下陷，小黑粒的突起更为明显（图5-11b），大大降低了香蕉的耐贮性和果品质量，严重影响果实外观，导致售价降低，甚至不能出售。

香蕉黑星病的病原菌为香蕉大茎点菌[*Macrophoma musae*

图5-11 香蕉黑星病症状
a.香蕉果轴黑星病斑 b.香蕉果实黑星病斑

(Cooke) Berl et Vogl]。以菌丝体或分生孢子在病叶、病果上越冬。翌年春季降雨后，分生孢子从分生孢器中溢出，由雨水或露水短距离扩散到叶片和果实上。在常温条件下分生孢子在2～3小时后萌发，随后在芽管前端形成附着胞，产生细小的侵入钉，穿透表皮细胞侵入危害，产生斑痕。随后在病部产生大量分生孢子，经风雨传播，形成再侵染。香蕉黑星病可周年发生危害，目前香蕉主栽品种巴西蕉、桂蕉6号等为感病品种，粉蕉、大蕉极少发病。该病害主要危害老叶，底层叶片最先发病，随着植株生长，逐渐向上层叶片扩展，抽蕾后，病害则逐渐向护叶、苞叶、果轴和果实传播，香蕉抽蕾期和抽蕾后病害发展很快。病原菌可随散落田间的香蕉枯死病组织和仍在植株上的病残体在果园中周年大量存在，是病害主要的侵染来源。田间接种体主要是分生孢子，其次是有性阶段产生的子囊孢子。分生孢子萌发后产生附着胞，形成侵染钉从寄主表面直接侵入是病原菌的主要侵染方式。

湿度是影响病害发生发展最重要的环境因子，其次是温度。雨水和露水有利于病原菌分生孢子的释放和在寄主表面的分散，并有利于病原菌分生孢子的萌发以及附着胞的形成。病原菌分生孢子主要通过雨水、露水的流动或溅射传播，因此，降雨、露水、多雾天气十分有利于病害的发生；夏秋温暖潮湿的天气条件下病害容易暴发，冬春季节气温较低，若天气多雾、露水重或雨水多，病害也可以严重发生。果实上病害的发生程度与叶片病害的发生程度有很大的关系。过度密植，偏施氮肥，排水不良的蕉园挂果后期最易感病。

2.防治方法

①注意果园卫生，经常检查清除蕉园老叶、病残体并集中烧毁，及时抹除果指残存花器。

②加强肥水管理，注意清沟排渍，避免积水；增施磷钾肥，避免偏施过施氮肥。

③及时喷药预防，可在抽蕾后苞片未打开前连续喷药2～3次，视病情和天气隔7～15天喷1次。喷果和叶为主，喷果药剂

可用75%百菌清＋70%甲基硫菌灵可湿粉（1：1）1000倍液，或30%氧氯化铜或70%可杀得600～800倍液，或25%敌力脱乳油1500倍液，腈菌唑等三唑类药剂不宜在幼果期使用。叶片出现明显症状时应进行药剂防治，尤其在香蕉结果期，控制病原菌侵染果实。可采用肟菌酯·戊唑醇、戊唑醇、吡唑醚菌酯、氟硅唑、腈菌唑、苯醚甲环唑等农药。

④套袋护果，在抽蕾后挂果期用塑料药膜套果（袋口向下），可减轻果病。

（六）香蕉炭疽病

1.症状特点及流行条件　香蕉炭疽病是一种主要危害成熟或近成熟香蕉果实的真菌病害，以成熟期果实受害最重，可引起果实腐烂。此外，该病还可危害香蕉叶、（假）茎、花、果轴、地下球茎等部位，引起叶斑、折叶、枯梢、花腐、茎腐、轴腐、柄腐及球茎腐烂。初在近成熟或成熟的果面上出现近圆形、暗褐色或黑褐色小斑点，呈芝麻点或梅花点状（图5-12a），后迅速扩大并连合为近圆形至不规则形暗褐色稍下陷的大斑或斑块，其上密生带黏质的针头大的小点（病原菌分生孢子盘及分生孢子），随后病斑向纵横方向扩展，果皮及果肉亦变褐腐烂（图5-12b），品质变坏，不堪食用。香蕉炭疽病极少危害未成熟的果实，偶有香蕉在青香蕉上发生炭疽斑。病菌具潜伏侵染特性，一旦感染，果实不

图5-12　香蕉炭疽病症状

a.发病初期症状　b.发病后期症状

耐贮运，货架期缩短，当病情急剧发展时，常来不及销售果实就已烂掉，损失惨重。

香蕉炭疽病的病原菌为芭蕉炭疽菌[*Colletotrichum musae* (Berk. et Curt.) V. Arx.]，为半知菌类腔孢纲黑盘孢目炭疽菌属。病菌以菌丝体和分生孢子在田间病部或病残体上存活越冬。翌年分生孢子或从病部菌丝体产生的分生孢子借风雨或昆虫传播，入侵寄主幼嫩组织。在果实上，病菌通常以附着胞或菌丝体潜伏在嫩果皮内而呈休眠状态。在果实成熟时才表现症状并产孢。在贮运期，病菌借病果与健康果实接触传播，或借助大量分生孢子辗转传播，并持续重复侵染，成熟果实被病菌侵染后，病害发展迅速。病菌生长最适温度为25～30℃，在果上病害发展最适温度约为32℃。高温高湿生物蕉园环境，贮运期期间的气温高、湿度大往往发病严重。该病菌可侵染各类香蕉，以香牙蕉受害最重，大蕉次之，龙牙蕉很少受害。香蕉果皮薄的品种一般较果皮厚的品种容易感病，果实的含糖量高的品种较含糖量低的品种容易感病，同时果实含糖量高的品种可在短期内产生较大的病斑。

2.防治方法

①加强田间管理，增强植株抵抗力。清洁蕉园，及时清除病叶、病花、病轴和病果，并在断蕾后及时套袋，可减少病菌侵染。

②重点要防控田间侵染，及时喷药预防。香蕉炭疽病是一种具潜伏侵染特性的病害，在结果初期结合预防黑星病开始喷药保护，连喷3～4次，视天气隔7～15天喷1次。药剂可用25%应得悬浮剂1 000倍液，40%多硫悬浮剂或50%混杀硫悬浮剂或50%复方硫菌灵可湿粉500～1 000倍液，或20%施宝灵悬浮剂800～1 000倍液。

③适时采收。采用无伤采收法进行采收，香蕉果实不要直接与地面接触，避免损伤。远销外地时，宜在果实成熟度70%～80%时收获，过熟的果实容易损伤和易感病。采果及贮运时尽量避免损伤。

④采后用尽快进行清洗和杀菌处理。可用500～1 000毫克/

升噻菌灵、500 毫克/升抑霉唑、1 000毫克/升异菌脲、225 ~ 450
毫克/升施保克喷果或浸果1 ~ 2 分钟，沥干后用塑料薄膜抽真空
包装待运。

⑤贮运期及销售期间注意控制温、湿度。

（七）香蕉细菌性软腐病

1.症状特点及流行条件　香蕉细菌性软腐病又称细菌性鞘腐
病，是一种细菌病害，其病原菌为迪克亚杆菌属（*Dickeya zeae*）。
初期香蕉下部叶鞘上有水渍状叶鞘腐烂病斑，切开后可见病处呈
红褐色，其余部位生长正常。叶片从腐烂部位折断，但叶片尚未
发黄。随后叶鞘上水渍增多，叶脉变软、变黄。中期下部叶鞘开
始发黄，折断部位腐烂。下部叶片从叶尖边缘开始发黄，并逐步
向叶片内侧扩张。后期叶鞘折断部位严重腐烂并出现恶臭味（图
5-13）。叶鞘内侧通常伴生一些腐霉菌（图5-14），严重时香蕉叶片
自下向上发黄，几天后干枯死亡。该病主要通过带菌种苗或基质
传播至新植蕉区和地块，特别是发病区（疫区）销售的带土杯苗
是现今病害传播的一个主要途径。在种植田间，病菌主要通过灌
溉水和流水传播，经伤口侵入香蕉根系和球茎。

图5-13　香蕉细菌性软腐病症状　　图5-14　菌溢现象

　　该病与香蕉枯萎病的症状很相似，其共同点都是叶片发黄，后期叶片干枯而死亡。其不同点：①细菌性软腐病的发展速度比枯萎病要快，在高温、高湿条件下5～7天即可遍布整个蕉园，受害植株从下部叶逐步向上部叶片蔓延，发病迅速，一般2～3周内全株叶片呈灰褐色干枯倒挂在假茎上而死亡。②香蕉枯萎病中后期出现假茎基部裂开和维管束褐变坏死，而细菌性软腐病主要危害香蕉叶鞘，在早期多从植株球茎或茎基部叶鞘开始出现褐色病斑，随后腐烂，腐烂叶鞘的叶片黄化，叶鞘腐烂从外向内扩展，随着腐烂程度加重，香蕉假茎基部形成空腔（图5-15）。③细菌性枯萎病叶鞘腐烂发臭，并腐生一些低等真菌，而香蕉枯萎病没有臭味。

图5-15　假茎横截面腐烂成空腔

　　2.防治方法

　　①该病通过病叶、病果、流水及劳动工具和昆虫传播，要及时处理病株，加强田间管理、保持排水通畅、通风透光、培育健壮植株是预防此病的主要措施。

　　②及早用药也可以有效治疗此病，一般治疗细菌性病害的药剂均有治疗效果。发病初期可使用52%克菌宝600倍液（阴雨天慎用）喷雾，重点喷雾中下部叶鞘和叶片。

　　③发病中后期使用2%春雷霉素液剂（加收米500倍＋47%春雷·王酮可湿性粉剂（加瑞农）800倍液，叶柄叶鞘喷雾，或2%春雷霉素液剂（加收米）300倍＋46.1%氢氧化铜水分散粒剂（可杀得3 000）1 500倍液，叶柄叶鞘喷雾，铜制剂易在香蕉上产生药害，因此需要注意铜制剂类农药的使用浓度不要太高，要严格按使用说明书执行。

　　④对于大龄香蕉或感病较重的植株，施药的效果可能不明显，可将感病较重的植株挖出，用石灰消毒蕉穴。

（八）香蕉根结线虫

1.症状特点及流行条件　香蕉根结线虫主要危害香蕉根部，是一种重要的土传病害。根结线虫危害香蕉根系，侵入根组织后能引起寄主植物的一系列病变，因线虫取食时分泌毒素刺激根细胞膨大，在细根上形成大大小小的根瘤（根结），在粗根的末端膨大成鼓槌状或呈纵长弯曲状（图5-16），须根少，黑褐色，严重时整个根系腐烂。切开病根可镜检到白色、褐色梨形雌虫和充满卵粒的胶质卵囊，受侵部位形成巨型细胞，韧皮部大量组织坏死，木质部特别膨大，导管阻塞。地上部初期症状不明显，一

图5-16　香蕉根结线虫症状

般表现为叶黄，植株矮小，似缺水缺肥状，后期严重者叶片黄化、枯萎，抽蕾困难，果实瘦小，植株早衰，最终枯死。

　　寄生于我国的线虫有13属31种，其中根结线虫、螺旋线虫和矮化线虫分布最普遍。我国香蕉上的根结线虫优势种群为南方根结线虫（*Meloidogyne incognita* Chitwood），其次为爪哇根结线虫和花生根结线虫。香蕉根结线虫的寄主范围很广，除香蕉外，还侵染柑橘、西瓜、黄瓜、茄子、番茄、芹菜等1 000多种植物。香蕉根结线虫主要以卵、幼虫及雌虫在土壤和病根组织内越冬，以2龄幼虫侵染香蕉嫩根，寄生于根部皮层与中柱之间，刺激细胞过度生长和分裂，致使根部形成大小不等的根结，幼虫在根内发育成3、4龄幼虫和雌、雄成虫，成熟雌虫产卵到露在根外的胶质卵囊中，每条雌虫可产卵500 ～ 1 000粒，卵囊遇水破裂，卵散落到土壤中，成为再侵染源。根结线虫的2龄幼虫主要分布在0 ～ 40厘米耕作土层内，在土壤中自行移动的速度十分缓慢，病苗和病土是远距离传播的主要途径，水流是近距离传播的重要媒介，带

病肥料、农具以及人畜活动等是传病的要素。

香蕉根结线虫病的发生发展与土壤质地、温度、湿度、前作、香蕉生长期和果园的栽培管理水平有很大关系。前茬为葫芦科、茄科和豆科蔬菜或其他寄主作物，则发病重；前茬为水稻则发病轻，种植水稻的年限越长，越不利于病害发生发展。一般沙质土发病比黏质土重；温度在 25 ～ 30℃、土壤湿度在 40% ～ 60% 病害发生重，耕作层土壤温度在 12℃ 以下和 36℃ 以上不适合 2 龄幼虫活动，侵染力明显下降，南方根结线虫在 4.6℃ 土温下 14 天不能存活。香蕉苗期发病重，成株期发病轻；果园管理粗放，植株抗病能力差，发病重。连续多年未防治或防治不及时也会导致根结线虫的数量在土壤中不断积累，世代重叠明显，病害加重。

2.防治方法

①培育无病苗。大棚工厂化培育无病苗时，应选取无线虫污染的土壤和培养基质制备营养杯，以杜绝香蕉苗感染根结线虫，这是防治香蕉根结线虫病的关键环节。

②轮作。与水稻、玉米、木薯等高抗作物进行轮作能有效减少土中线虫基数。

③翻耕晒土。在种植香蕉时，提前 1 ～ 2 个月翻耕土壤，把含线虫土层翻至表面，日晒风干，可大量杀死田间线虫，减轻发病。

④土壤消毒。香蕉苗移栽前，蕉园地块用 35% 威百亩水剂 45 千克/公顷兑水 4 500 千克，或用 98% 棉隆微粒剂 75 ～ 150 千克/公顷穴施和覆土，并用地膜覆盖熏蒸 7 天后，翻土释放毒气，7 天后移栽。

⑤加强田间管理。及时清除病残根，增施有机肥和合理灌溉，促进新根生长，增强植株抗病和耐病能力，染病地块通过增施有机肥，添加拮抗微生物菌肥，可有效地控制根结线虫病的发生。

⑥药剂防治。及时施用化学杀线剂是控制香蕉根结线虫的有效方法之一。可选用 10% 噻唑膦颗粒剂 15.0 ～ 22.5 千克/公顷，或 0.5% 阿维菌素颗粒剂 45.0 千克/公顷沟施或穴施。也可选用 2.5% 二硫氰基甲烷可湿性粉剂 1 500 ～ 3 000 倍液，或 1.8% 阿维菌素乳

油 1 000 ～ 1 500 倍液灌根。

⑦在蕉园内混种驱线虫植物，如万寿菊、紫花苜蓿等，能有效降低根结线虫的群体数量。

（九）香蕉非侵染性病害

1.香蕉烂头病

症状：基部褐腐、横裂，叶片变小。

发病原因：土壤温度过高烫伤植物组织，引起蕉头腐烂。

防治方法：①用草覆盖。②避免在高温时灌水施肥。③用敌克松加农用链霉素淋灌，防止微生物入侵。

2.肥害

症状：新叶叶缘干枯。

发病原因：施肥靠香蕉的根茎太近，施肥量过大、集中。

防治方法：把肥挖出，重施在香蕉叶片滴水线周围，追施叶面肥。

3.涝害

症状：植株萎小，失绿，根系发育不良或坏死。

发病原因：蕉园排水不良，浸水对植株造成伤害，香蕉根系因缺氧而腐烂，导致植株生长不良。

防治方法：挖沟排水，追肥。

4.旱害

症状：从蕉叶的边缘开始干枯，严重的整株枯死。

发病原因：天气持续高温干旱。

防治方法：①引水灌溉。②合理施肥，提高植株抗性。③用草覆盖。

5.寒害

症状：香蕉各器官受低温冻害（5℃以下），轻则叶片变黄，重则叶片枯死，全株呈萎蔫状。蕉果更易受寒害，通常12℃时即可受冷害，表现为催熟后果皮色泽灰黄，暗无光泽，影响商品价值。

发病原因：香蕉怕低温，忌霜雪，其耐寒性弱，果实于12℃时即易受冷害，生长受抑制的临界温度为10℃，当温度降至5℃时叶片受冷变黄，1～2℃叶片枯死，0℃以下地下部分冻死。故长时间的强低温（日均温低于4℃）天气影响是香蕉寒害的直接原因。

防治方法：①建简易防寒设施。②合理施肥，提高植株抗性。③寒流前后喷施抗寒型腐殖酸。④果实套袋。⑤覆膜等。

6.药害

症状：在叶片或幼果上出现均匀分布的癣状小褐斑，边缘常见干涸的药渍，类似地图形状。

发生原因：高温条件下，使用铜制剂或乳油杀菌剂和有机磷杀虫不当时，容易在下部叶片造成无规则的药害斑。

防治方法：①严格按照药剂使用说明使用农药。②不要随意混配农药。③避免高温时喷药。

7.日灼

症状：常发生于香蕉幼苗生长期心叶，烫伤心叶形成褐斑，造成心叶不能正常展开。

发生原因：因雨后雨水或早上露水沉积于植株顶端叶鞘处，遇到强太阳光照射，而造成对新抽叶片的灼伤。

防治方法：①加强护理，多施有机肥。②灌水防旱。③喷施叶面肥。用0.2%尿素加0.3%磷酸二氢钾（或高钾叶面肥）或用绿叶素、云大120营养液等叶面肥喷施一次，以利叶片健康生长，提高抗病能力。④喷药保护，喷硫酸铜：生石灰：水为0.8：1：100的波尔多液保护伤口，并以白色反光减少日灼病的发生。

三、香蕉主要虫害及其防治

据不完全统计，危害香蕉作物的害虫有33种，根据我国香蕉主要产区害虫发生程度，当前危害香蕉作物常见害虫有9种；根据危害部位，将香蕉常见害虫分为3类。其中危害香蕉花与幼果的害虫包括：香蕉花蓟马与香蕉褐足角胸叶甲；危害香蕉叶片的害虫有：香蕉斜纹夜蛾、香蕉弄蝶、香蕉皮氏叶螨、香蕉交脉蚜、香蕉冠网蝽；香蕉蛀茎害虫有：香蕉根茎（球茎）象甲、香蕉假茎象甲。以上害虫在我国海南、云南、广西、广东、福建与台湾等香蕉种植区普遍发生。其中，香蕉黄胸蓟马、香蕉象甲及褐足角胸叶甲在我国多个香蕉主要产区危害日益严重，逐步成为香蕉作物上新的主要害虫。

（一）香蕉斜纹夜蛾

1.危害特点及流行条件　香蕉斜纹夜蛾（*Spodoptera litura* Fabricius）又称斜纹夜盗蛾或花虫，是全球广泛分布的重要农业害虫。斜纹夜蛾主要在香蕉中小苗期危害，以幼虫危害香蕉叶片和心叶。初孵幼虫群集于香蕉叶片背面取食下表皮和叶肉，2龄幼虫将展开的叶片吃成孔洞或缺刻（图5-17），危害严重时，将整叶吃光而仅剩主脉；3龄后分散危害，危害未展开的卷筒状的心叶时，可横向将心叶咬食成孔状，严重时致使心叶折断（图5-18）；4龄以后进入暴食期，可占幼虫期食量的80％，可把香蕉心叶食光（图5-19）。在苗期，还可发现其咬断嫩茎而导致整株香蕉植株死亡。该虫除危害香蕉外，还危害甘薯、番茄、辣椒、瓜类等40多种植物，属杂食性昆虫。

图5-17　香蕉斜纹夜蛾1龄、2龄幼虫危害状

香蕉斜纹夜蛾成虫体长14～20毫米，翅展35～46毫米，体暗褐色，胸部背面有白色丛毛，前翅灰褐色，花纹多，内横线和外横线白色、呈波浪状、中间有明显的白色斜阔带纹，所以称斜纹夜蛾。香蕉斜纹夜蛾的卵呈扁平的半球状，初产黄白色，后变为暗灰色，块状黏合在一起，上覆黄褐色绒毛；其幼虫体长

图5-18　香蕉斜纹夜蛾3龄　　　图5-19　叶片严重危害状
　　　　幼虫危害状

33～50毫米，头部黑褐色，胸部颜色多变，从土黄色到黑绿色都有，体表散生小白点，冬节有近似三角形的半月黑斑一对。蛹：长15～20毫米，圆筒形，红褐色，尾部有一对短刺。

　　香蕉斜纹夜蛾在我国各香蕉产区均可全年繁殖，无滞育现象。成虫白天潜伏，夜间活动，对黑光灯有趋光性，还对糖、醋、酒及发酵的胡萝卜、麦芽、豆饼、牛粪等有趋化性。生长发育的温度范围为20～40℃；最适环境温度为28～32℃，相对湿度75%～95%，土壤含水量20%～30%。成虫产卵前需取食蜜源补充营养，营养的质量直接影响产卵量，平均每头雌蛾产卵3～5块，400～700粒。卵多产于植株中、下部叶片的反面，多数多层排列，卵块上覆盖棕黄色绒毛。初孵化的幼虫先在卵块附近昼夜取食叶肉，留下叶片的表皮，将叶食害成不规则的透明白斑，但遇惊扰后四处爬散或吐丝下坠或假死落地。成虫寿命3～10天；卵期25℃以上2～3天；幼虫在26～30℃时为11～17天；蛹在28～30℃时8～11天。香蕉斜纹夜蛾不耐寒，对食料无选择性，气温高和潮湿，有利于其发生。

　　2.防治方法

　　①农业防治。清除杂草，收获后翻耕晒土或灌水，以破坏或

恶化其化蛹场所，有助于减少虫源。结合管理随手摘除卵块和群集危害的初孵幼虫，以减少虫源。

②生物防治。利用雌蛾在性成熟后释放出一些被称为性信息素的化合物，专一性地吸引同种异性与之交配，可通过人工合成并在田间缓释化学信息素引诱雄蛾，并用特定物理结构的诱捕器捕杀靶标害虫，从而降低雌雄虫交配，降低后代种群数量从而达到防治的目的。该技术不仅能降低靶标害虫种群数量，减少农药使用次数，还可延缓害虫对农药抗性的产生，降低农药残留。同时保护了自然环境中的天敌种群，非目标害虫则因天敌密度的提高而得到了控制，从而间接防治次要害虫的发生。达到农产品质量安全、低碳经济和生态建设要求。

③物理防治。点灯诱蛾，利用成虫趋光性，于盛发期持续使用黑光灯对成虫进行诱杀。糖醋诱杀，利用成虫趋化性配糖醋（糖∶醋∶酒∶水=3∶4∶1∶2）加少量敌百虫诱蛾。柳枝蘸洒500倍液敌百虫诱杀蛾子。

④药剂防治。交替喷施21%灭杀毙乳油6 000～8 000倍液，或50%氰戊菊酯乳油4 000～6 000倍液，或20%氰马或菊马乳油2 000～3 000倍液，或20%灭扫利乳油3 000倍液，2～3次，隔7～10天1次，喷施叶面，最好在黄昏或清晨幼虫活动时喷药。

（二）香蕉弄蝶

1.危害特点及流行条件　香蕉弄蝶（*Erionota torus* Evans）又称黄斑蕉弄蝶、芭蕉卷叶虫、蕉苞虫、蕉弄蝶，属鳞翅目弄蝶科，是一种大型弄蝶，广泛分布分布于美国、印度、缅甸、马来半岛、越南、日本，常见于我国各香蕉产区。香蕉弄蝶是危害香蕉、芭蕉叶片的重要害虫，其幼虫吐丝卷叶成圆筒状俗称虫苞（图5-20），藏身其中，伸出头部嚼食蕉叶，发生严重时，蕉叶残缺不全，香蕉与芭蕉叶片受害后，光合作用受到影响，阻碍生长，导致减产。

香蕉弄蝶雌成虫体长28～31毫米，翅展60～80毫米；雄成虫体长23～26毫米，翅展54～65毫米。体黄褐色或茶褐色；前翅黄褐色，翅中央有2个黄色方形大斑，近外缘有1个黄色方形小斑，这3个斑呈三角形排列，前翅前缘近基部被灰黄色鳞毛；后翅黄褐色或茶褐无斑纹，缘毛白色。卵呈圆球形，横径1.8～2.2毫米，卵顶微陷，卵壳表面有放射状白色纵纹初产时黄白色，渐变红色，近孵化时转变为灰黑色。初孵幼虫长6毫米，头大而黑，胴部蛋黄色。老熟幼虫体长52～65毫米，淡黄或带微绿色，体被白色蜡粉（图5-21）。雌蛹体长32～47毫米，雄蛹体长28～44毫米，长圆柱形，淡黄白色，被白粉，初化蛹由黄白色发育至褐色为第一阶段；翅芽由黄白色发育至茶褐色，淡红色斑点转黄白色为第二阶段。

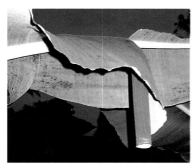 

图5-20　香蕉弄蝶危害形成的虫苞　　　图5-21　香蕉弄蝶幼虫

香蕉弄蝶的寄主植物有：粉蕉、芭蕉、香蕉、美人蕉、椰子、竹、棕榈等。其卵多散产或聚产在叶片上，叶面较叶背多，极少数产在叶柄或假茎上。卵初产黄白色，后转粉红色，然后为深红色至暗红色，孵化前为灰黑色。幼虫孵化后取食卵壳，然后分散到叶边缘取食，先咬成一个缺口，然后再吐丝缀合成苞。虫苞随着幼虫的长大而增大。一个虫苞只有一条幼虫居内，幼虫在苞内，头部多数朝上，极少数头朝下。

香蕉弄蝶一年发生4～5代，世代重叠，以老熟幼虫在叶苞中越冬。越冬幼虫以5龄虫居多，但是在食料缺乏时，也有以3、4龄幼虫滞育越冬，高龄幼虫的耐寒能力强。越冬代幼虫一般于翌年2—3月化蛹；3—4月成虫羽化。成虫多在上午羽化，2～3小时后便可起飞，雄虫比雌虫早羽化10～30分钟。成虫在早晨日出及傍晚日落前后1小时活动最频繁，中午较少活动，阴天可整天活动，并喜欢在阴凉的蕉丛林下停息。成虫羽化后当天或第二天就可以交配，雌虫通常交尾2～4次，每头雌虫一生可产卵80～150粒。卵散产或聚产在寄主叶面或叶背、叶脉或嫩茎上。幼虫多在早上孵化，幼虫孵化后，先咬食卵壳，然后各自爬到叶缘啃食叶片成缺刻，而后吐丝缀连卷叶成圆筒形叶苞以藏身，幼虫在阴天全天可取食，晴天多在早、晚活动。幼虫取食时从叶苞上端与叶片相连的开口处伸出虫体的前部自上而下取食，边吃边卷，加大叶苞。同时嚼食叶苞上端或卷苞内部的叶片，被害蕉叶虫苞累累，严重的造成整株光秆，只剩几根叶中脉。香蕉弄蝶的危害严重时可导致香蕉果实延迟成熟和减产。

2.防治方法

①冬、春季清除枯叶，消灭越冬幼虫，减少虫源。

②人工摘除叶苞消灭幼虫或蛹，注意保护天敌。

③药剂防治的重点是，消灭第三、第四代幼虫。使用90%敌百虫500倍液，无论对高、低龄幼虫都有很好的防治效果。还可选择40%毒死蜱乳油1 000～2 000倍液，或苏云金杆菌粉剂（含活芽孢100亿个/克）500～1 000倍液，或5%伏虫隆乳油1 500～2 000倍液，或10%吡虫啉可湿性粉剂3 000～4 000倍液，或2.5%氯氟氧菊酯乳油2 500～3 000倍液，喷布植株及虫体。

（三）香蕉皮氏叶螨

1.危害特点及流行条件　皮氏叶螨（*Tetranychus piercei* McGrvgor）也称香蕉红蜘蛛，隶属于蛛型纲蜱螨亚纲真螨目叶螨总科叶螨科叶螨属。在我国各香蕉主产区均有分布。皮氏叶螨在旧蕉园发生较多，主要以成螨、若螨和幼螨栖息于香蕉叶背吸取叶片的汁液造成危害，被害部位褪绿变褐，虫口密度较小时，叶背褪绿，褐色斑点稀少，叶面基本不表现症状（图5-22）；随着虫口密度增

图5-22　香蕉红蜘蛛危害叶片背面状

加，褪绿面积、褐色斑点不断扩大，严重时整个叶背全部变黑褐色，叶正面也呈灰黄色，最终整个叶片干枯，多沿主脉或支脉发生，有时也危害果皮，使果实出现锈斑。此外，皮氏叶螨具有吐丝织网特性，受害部位伴有大量蜕皮和丝网，影响植株光合作用。生长后期的香蕉受害可造成果实延迟成熟，影响香蕉的产量和品质。

皮氏叶螨的寄主有香蕉、番木瓜、番荔枝、木薯、番茄、蔷薇、桑、桃、绿豆等。皮氏叶螨世代发育历经卵、幼螨、第一若螨、第二若螨和成螨等5个时期。雌成螨体长为467微米，包喙长为541微米，体宽为338微米，体呈椭圆形红褐色，足及颚体为白色，体侧一般有三裂型黑斑，足跗节具2对典型的双毛，体末仅具1对肛侧毛（图5-23）。雄成螨体长为297微米，包喙长为366微米，体宽为166微米，体狭长，体色粉红色，钩部柄部宽阔，无端锤，末端弯向背面，微呈S形。卵淡黄色。皮氏叶螨具有群集性，幼螨、若螨、成螨群集于叶背吸食叶片的汁液造成危害，多在叶背面活动，以危害老叶为主，多沿叶脉或支脉发生，被害部分细胞变为红褐色。雌螨产卵于叶背，并分泌黏液将卵固定，未受精的卵发育成雄螨，受精卵发育

图5-23　香蕉红蜘蛛成虫

成雌螨。皮氏叶螨对温度的适应性较强，其繁殖速度与温度有关，低温发育缓慢，高温发育速度加快。在海南，皮氏叶螨一年可发生约26代，世代重叠明显，无越冬现象，终年可发生危害，高温干旱季节危害较重。

2.防治方法

①皮氏叶螨天敌种类很多，有拟小食螨瓢虫、越南食螨瓢虫、小花蝽、蓟马和捕食螨等多种天敌，其中食螨瓢虫和捕食螨为果园优势天敌。在不常喷药的蕉园，天敌种类和数量十分丰富，在后期常能控制其危害。因此，在进行香蕉园害虫防治时应注意保护利用天敌，在叶螨大量发生危害时，选用对皮氏叶螨针对性强的杀螨剂，少用广谱性的杀虫杀螨剂；在皮氏叶螨低密度时，尽量利用天敌对其进行控制。

②加强田间管理，清除香蕉园内其他寄主植物和杂草，减少皮氏叶螨发生。

③在干旱少雨，皮氏叶螨的发生危害严重时期，是防治的关键时期，在做好虫情预报基础上，及时进行药剂防治。可选用1.8%阿维菌素4 000倍液、50%溴螨酯1 500～2 000倍液、15%哒螨灵乳油2 000倍液、8%阿·哒乳油2 000～3 000倍液均匀喷雾叶背，药剂中最好加入中性洗衣粉等黏着剂，效果更佳。由于皮氏叶螨的世代历期较短，发育、繁殖速度快，对药剂容易形成抗性，在进行药剂防治时应科学用药，以保持其对药剂的敏感性。

（四）香蕉交脉蚜

1.危害特点及流行条件　香蕉交脉蚜（*Pentatonia nigronervosa* Coquerel）又称蕉蚜、蕉黑蚜，属同翅目蚜科，广泛分布于国内外热带和亚热带的香蕉产区。交脉蚜除危害香蕉类植物外，还危害小豆蔻、山姜、姜、芋、木薯、木瓜等。交脉蚜在香蕉小苗期主要集中在嫩叶取食，香蕉成株后危害吸芽（图5-24），挂果期在蕉指基部及旗叶包裹果轴处常有发生，其分泌物污染果指基部，难清洗（图5-25）。除影响植株生长发育之外，特别是当它吸食病蕉

图5-24　蕉蚜危害吸芽状　　　　图5-25　蕉蚜危害果轴状

汁液后，能传播香蕉束顶病和香蕉花叶心腐病，所以是一种危害性大的虫媒。

香蕉交脉蚜分为无翅蚜和有翅蚜两种类型，可飞行或随气流传播，也能爬行或随吸芽人为地移动而传播。有翅蚜体长卵形，长1.3～1.8毫米，头胸黑色，腹部红褐色至黑色，头顶两侧额瘤明显，前翅径脉与中脉有段交会（故称"交脉"），形成一个四边形闭室，翅脉附近有许多黑色小点；无翅蚜体卵圆形，长0.8～1.6毫米，红褐色至黑色，额瘤明显，尾片圆锥形具瓦纹。孤雌生殖、卵胎生，幼虫要经过4个龄期以后，才变成有翅或无翅成虫。

香蕉交脉蚜世代间高度重叠（图5-26），一头成蚜一般可产30～60头，20～30℃的温度条件下，从若蚜出生至最后一次蜕皮的时间为8～9天，最后一次蜕皮1～3天后即可开始生殖。成蚜寿命以15～50天不等，多数20～40天，平均约为31天。在福建漳州一带1年繁殖代数在10～15代以上；在广西每年则发生4代，每年4月和9—10月为高峰期；云南省的盛发期是3—5月，病害的流行期则是3—7月。香蕉交脉

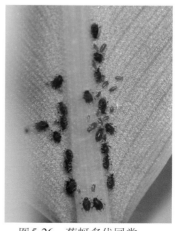

图5-26　蕉蚜多代同堂

蚜常先在寄主植物的下部危害，随着虫口密度的增加而逐渐向上转移，以心叶基部的虫口密度最大，多聚集于嫩叶的荫处危害。香蕉交脉蚜吸食寄主养分的同时传播病毒。交脉蚜主要危害刚露出土至50厘米高的蕉苗，以及定植后3个月内的试管苗，当香蕉苗长至超过1米高以后，交脉蚜基本不再危害，转移到较低矮的吸芽上取食危害。

香蕉交脉蚜田间种群数量发生的密度与气候关系密切。交脉蚜喜欢温暖干燥的气候，每年春秋季节，蕉园内交脉蚜发生数量较多；干旱年份发生较多，多雨年份则较少且易死亡；干旱或寒冷季节，蕉株生长停滞，蚜虫多躲藏在叶柄、球茎或根部，并在这些地方越冬，到翌年环境条件适宜时，香蕉恢复生长，蚜虫开始活动和繁殖。因此，在冬季香蕉束顶病很少发生，到4、5月才陆续发病。大风雨对交脉蚜有强烈的冲刷作用，环境湿度大，有利于其天敌多毛菌的生长和繁殖。交脉蚜忌高温，在南方炎热多雨的夏季，其自然死亡率高；交脉蚜也怕寒冷，每年气温最低的1月交脉蚜数量也不多。

2.防治方法

①农业防治。实行轮作，及时清除蕉园杂草和病株，破坏蕉蚜滋生的外界环境；消灭虫源，将病株及其吸芽彻底挖除，以防止蚜虫再吸食病株汁液而传播；加强田间管理，特别是水肥管理，以增强植株的生长势和抵抗力。

②生物防治。交脉蚜的天敌很多，有瓢虫、草蛉、食蚜蝇和寄生蜂等，对蚜虫有很强的抑制作用。尽量选择对天敌较安全的选择性农药，避免在天敌活动高峰时期施药，有条件的可人工饲养和释放蚜虫天敌。

③药剂防治。杀虫剂农药可选用50%辟蚜雾、44%专蛀乳油等，均用1 500倍稀释液喷雾；2.5%高效氯氰菊酯乳油、2.5%溴氰菊酯乳油、10%氯氰菊酯乳油均为5 000倍稀释液；10.8%四溴菊酯为1 500倍稀释液。试管苗移栽前用25%阿克泰20～30克/亩对苗床进行灌根处理。重点对秋植苗进行叶面喷药保护。每隔10天1次，连喷2次。

（五）香蕉冠网蝽

1. 危害特点及流行条件　香蕉冠网蝽（*Stephanitis typical*）又称香蕉网蝽、香蕉花网蝽、亮冠网蝽，属半翅目网蝽科，是芭蕉科植物的重要害虫，在我国各香蕉产区均有分布。成虫和若虫群栖于蕉叶背面刺吸危害，破坏蕉叶的叶绿体，受害叶片背面呈现许多浓密的黑褐色小斑点，并附着许多幼虫脱落的皮（图5-27）；叶片正面呈花白色斑点，严重时叶片成黯灰黄色（图5-28），叶片早衰枯死影响香蕉的产量和品质，老蕉园受害率尤其严重。香蕉冠网蝽除危害香蕉外，尚可危害油梨、番荔枝、木菠萝、椰子、小豆蔻、马尼拉麻、山姜属等作物。

图5-27　香蕉网蝽叶背面危害状

图5-28　香蕉叶正面症状

香蕉冠网蝽成虫体长2.1 ～ 2.4毫米，羽化初期呈银白色，后渐变成灰白色（图5-29）。头小，棕褐色，复眼大而突出，黑褐色。触角4节，第3节细长，末节稍膨大，呈棕褐色。具刺吸式口器，喙4节，伸达后足基节间。前胸背板具网状纹，形状特异似"花冠"。前翅长椭圆形，膜质透明，具网状纹，翅基及近端部有黑色横斑，翅缘具毛；后翅狭长，仅达腹末，

图5-29　香蕉网蝽成虫（放大）

无网纹，有毛。卵长0.5毫米，宽0.2毫米，长椭圆形，初产时无色透明，后期白色，顶端有一卵圆形的灰褐卵盖。1龄若虫初孵时白色，以后体色变深，体光滑，体刺明显，复眼淡红色，喙伸达第4腹节；胸部及足白色，腹部瘦长呈浅黄黑色；2龄若虫腹部中段呈黑褐色；3龄若虫体刺肉眼可见，出现翅芽；4龄若虫翅芽明显可见，伸达第1腹节，腹部中段黑褐色；5龄若虫体长2～2.1毫米，头部黑褐色，复眼紫红色，翅芽达第3腹节，其基部及末端有一黑色横斑。

香蕉冠网蝽世代重叠，无明显的越冬休眠现象，气温低于15℃时不太活动，静息于蕉叶背面，温度回升则恢复活动。在广州地区，年发生6～7代，在台湾嘉义地区，年发生9代，在广西南宁，7—9月为香蕉冠网蝽的发生高峰期。成虫羽化后经1～2小时后便能取食，5天后便转叶危害或飞迁到邻近植株心叶下第2、3片叶背取食，并行交配产卵。成虫产卵于第2片至第4片蕉叶（由上而下）叶背的叶肉组织内，呈簇状，一般每个雌虫产卵35～45粒，并有分泌紫色胶状物覆盖保护。幼虫孵化后聚集栖息在叶片背面，可短距离爬行，以叶片为食，成虫则喜欢在蕉株顶部1～3片嫩叶叶背取食和产卵危害，雌雄比为3:2。该虫在夏秋季发生较多，旱季危害较为严重，台风、暴雨对其生存有明显影响。

2.防治方法

①注意消除虫源。及时割除严重受害叶片，集中烧毁或埋入土中，以减少虫源。

②药剂防治。在若虫盛发期，叶片正、背面均匀喷施48%毒死蜱乳油1 000～1 500倍液或90%敌百虫1 000倍液或50%马拉硫磷乳剂1 000倍液，隔5天后再喷施1次，效果明显。

（六）香蕉象甲类

目前有两种象甲危害香蕉，香蕉假茎象甲（*Odoiporus longicollis* Olivier）和香蕉球茎象甲（*Cosmopolites sordidus* Germar），属于鞘翅目象甲科。

香蕉假茎象甲又称香蕉双带象甲、香蕉双黑带象甲、香蕉扁黑象甲、香蕉大黑象甲、香蕉双带扁象甲，具有大黑型和双带型两种类型，在我国各香蕉产区均有分布，主要危害香蕉、龙牙蕉和大蕉，粉蕉上数量较少，危害较轻。香蕉球茎象甲又称香蕉根颈象甲、香蕉象鼻虫、香蕉黑筒象，该虫起源于马来西亚和印度尼西亚，现已遍及了几乎全世界的香蕉种植地，主要危害香蕉大蕉、龙牙蕉、西贡蕉及粉蕉等。2002年，香蕉球茎象甲被国家环保总局列入中国主要外来入侵物种之一。香蕉假茎象甲和球茎象甲分别以幼虫蛀食香蕉植株的假茎和球茎，形成纵横交错的蛀道，阻碍了水分和养分向上输送，蛀食孔常有大量胶质外溢（图5-30）。植株受害后，叶片变黄、枯萎，直至全株死亡；成株受害，长势衰弱，抽穗延迟或不能抽穗或果穗、果指瘦小，严重被害植株的根茎变黑腐烂，遇到大风易倒伏，可导致香蕉产量损失20%以上，如果不加以防治，严重时可达100%。成虫群居假茎外层枯鞘，仅夜间活动。

图5-30　假茎象甲蛀食孔口胶质外溢

1.危害特点及流行条件

①香蕉假茎象甲。香蕉假茎象甲成虫体长10～13毫米，体窄菱形，呈红褐色，前胸背板两侧有两条黑色纵带纹；头小，半圆形，眼大，不突出于头的轮廓；喙略弯，短于前胸，基部1/4较粗；索节6节，端部1/2密生短绒毛，顶端为弧形隆脊；足短，腿节棒状；胫节内端角有钩，端部有齿；第3跗节宽大；爪分离（图5-31）。卵长2.4～2.6毫米，呈长椭圆

图5-31　香蕉假茎象甲

形，表面光滑，初为乳黄色，渐变至茶褐色。幼虫呈淡黄白色，肥大，无足，头壳红褐色，后缘圆形，高龄幼虫较瘦，体多横皱，腹中部特别肥大。腹末端斜面的上沿着生深褐色粗刚毛4对，下沿3对。前胸及腹末斜面上的气门，大小是其他节气门的2倍。

香蕉假茎象甲，一年发生4～6代，世代重叠严重。幼虫主要蛀食蕉茎上部，很少向下蛀入根茎部，低龄幼虫分布在假茎中下段的中心部位，高龄幼虫则多分布在假茎中上及外层叶鞘。香蕉假茎象甲成虫喜群聚，多聚集分布在香蕉假茎断裂切口处、蕉茎外层枯鞘下和腐烂的叶鞘内，田间残留老茎上的各虫态数量明显高于成长蕉株；成虫能飞翔，畏光，白天常群居栖息在叶鞘内侧，夜间外出活动，寿命多数在200天以上，具假死性；耐湿怕干，在潮湿情况下耐饥力强，数十天不死，但在温度较高的干燥环境下，则只能活几天。耐低温耐饥饿，无明显的休眠期，冬天各种虫态均可见。广东、广西一年有两个成虫发生高峰期，广东为6月初和10月下旬；广西为3月初和10月底；而在闽南地区一年有三个高峰期，出现在4月初、6月初和10月下旬。

②香蕉球茎象甲。香蕉球茎象甲体长9～11毫米，体长圆筒形，新生成虫是浅红棕色，后通体变成黑色；喙圆柱形，短于前胸，基部有横缢，近基部较粗；索节6节，端部1/3密覆绒毛，顶端凸圆；足腿节棒状；胫节侧偏，内端角有钩，前足胫节外端角有1小齿；跗节短，第3跗节不呈叶状，爪分离（图5-32）。卵长为1.8～2.2毫米，呈长椭圆形，乳白色，表面光滑；幼虫呈乳白色，肉质身体，肥大，无足，头壳深红褐色，最后的两个

图5-32　香蕉球茎象甲

腹节盘状，第8腹节有一个大的加长气孔，而其他腹节的气孔很小难以观察得到，腹末斜面之上下沿各具褐色刚毛4对。

香蕉球茎象甲在华南地区一年发生4代左右，世代重叠严重，全年可见各个虫态，冬季无明显休眠现象。该虫3—10月，发生数量较多，5—6月危害最烈。夏季一代需30～45天，冬季世代需82～127天，越冬幼虫期为90～110天。初孵幼虫自假茎蛀入球茎内，幼虫蛀食香蕉植株近地面的茎基部和根茎（图5-33），形成纵横交错的蛀道，幼虫老熟时以蕉茎纤维封闭隧道两端，不做茧，于隧道内化蛹。羽化后成虫仍暂居球茎隧道数日，由隧道上端钻出，成虫也取食蕉茎，但食量小，危害远不及幼虫严重。

图5-33　球茎象甲危害状

成虫畏阳光，常匿藏于蕉茎外层枯鞘内，多在夜间活动，虽有翅，却很少飞，很少能在3个月内扩散50米。香蕉根颈象甲具有趋湿性，雄虫趋于低湿环境，而雌虫较喜高湿环境，降雨能提高成虫活力。成虫具有很低的生殖能力，但寿命较长，大多数成虫能活1年，有的甚至可以活4年，在潮湿环境下，即使不取食，也能活几个月，但是在干燥环境下则只能活几天。其天敌有蠼螋和阎魔虫等。

2.防治方法

①严格检疫。禁止有虫蕉苗运入新植蕉区，有条件的应选用组培苗。

②清园管理。定期割除被害而腐烂的叶柄和受害的叶鞘，清除部分成虫和幼虫，保持蕉园清洁卫生；采果后砍伐假茎做堆肥、沤肥或深埋处理；结合清园，可利用收获后的香蕉假茎，纵破后置于香蕉行间诱捕象甲。

③药剂防治。成虫的发生高峰期可用40%毒死蜱1 000倍液、2.5%高效氯氟氰菊酯乳油1 500倍液自上而下喷洒假茎，重点喷叶柄叉和腐烂叶鞘部分；40%毒死蜱乳油700倍水溶液或1 000倍液

在1.5米高处假茎，偏中髓6厘米处，每株注入150毫升毒杀茎内幼虫。

（七）香蕉花蓟马

1.危害特点及流行条件　香蕉花蓟马（*Thrips hawaiiensis* Morgan）又称黄胸蓟马、夏威夷蓟马，属缨翅目蓟马科，是危害香蕉花蕾和幼果的重要害虫。在我国各香蕉产区均有分布，近年来香蕉花蓟马对香蕉的危害日趋严重，影响了蕉果的外观品质，已成为香蕉的重要害虫。除香（大）蕉外，香蕉花蓟马的寄主植物多达141种，如甘薯、柠檬、桃金娘、芒果、玉米、莲雾、番石榴、杨桃、美人蕉、柑橘、蔬菜和花卉等。花蓟马的若虫和成虫，主要刺吸香蕉子房及幼嫩果实的汁液。雌虫在幼嫩果实的表皮组织中产卵，虫卵周围的植物细胞因受刺激而引起幼果果皮组织增生。果皮受害部位初期出现水渍状斑点，其后逐渐变为红色或红褐色小点，最后变为粗糙黑褐色突起小黑点（斑点），似香蕉黑星病斑（图5-34）。但花蓟马危害所形成的黑色斑点和黑星病斑点可以区别。花蓟马危害形成的黑点，是向上凸起，而黑星病斑点是向内凹陷。当虫口密度较大时，可在香蕉果实上产生密集的粗糙黑色虫斑，并招致黑霉发生，外观很差。严重影响香蕉果实外观品质，降低经济价值。

图5-34　香蕉花蓟马危害后形成凸起蓟马点

香蕉花蓟马生殖方式包括两性生殖和孤雌生殖，整个发育期包括卵、若虫、成虫。雌成虫体长1.2～1.4毫米，头宽大于长，后部有横纹；口器为锉吸式，口锥端部尖，伸至前胸腹板后缘；胸部呈黄褐色，腹部黑褐色。翅膜质，前后翅较窄长，翅脉退化，翅边缘密生缨状长毛。第Ⅲ-Ⅶ节腹片附属鬃14根左右。足跗节

l～2节，跗节端部有泡囊。静止时4翅沿背平置，行走时腹端不时往上翘。香蕉花蓟马雄成虫体较雌虫略小，体长0.9～1.0毫米，体黄色，腹部第Ⅲ-Ⅶ节腹片有蠕虫状腺域。香蕉花蓟马若虫体型与成虫相似。

香蕉花蓟马一年发生多代，世代重叠危害，在海南周年可见。香蕉花蓟马在香蕉花蕾内隐蔽生活。该虫有聚集快、侵入快的特点，只在香蕉抽蕾开花时，才聚集飞到香蕉植株上。当香蕉花蕾抽出，花苞片尚未展开时，香蕉花蓟马就已侵入花蕾吸食幼果汁液，并在幼果上产卵（图5-35）。当花苞片张开时，花蓟马即转移到未张开的花苞片内，继续危害。在花蕾各个部位中，雄花最能诱集成虫，因此果梳上虫斑数量以下端最多，中间次之，上端最少（图5-36）。花蓟马仅危害香蕉果实，不危害假茎、叶及吸芽等部位。香蕉花蓟马的最适温度为20～25℃，发育起始温度为15℃，每头雌虫的产卵量为30～40个。高温干旱利于此虫大发生，多雨季节发生少，借风常可将蓟马吹入异地。

图5-35　香蕉花蕾上的花蓟马　　　图5-36　花蓟马在幼果上危害

2.防治方法

①加强肥水管理，使花蕾苞片迅速展开。当雌花开放结束后，及时断蕾，消灭虫源；同时减少园内外杂草滋生。

②掌握花蓟马发生规律，及时喷药防治。香蕉自假茎顶端出现时，即用40%速灭抗乳油2 000倍液，或5%鱼藤铜乳油1 000～1 500倍液，或40%毒死蜱乳油1 000～2 000倍液，或20%吡虫啉可溶性

液剂1 500倍液，或240克/升螺虫乙酯悬浮剂4 000倍液或60克/升乙基多杀菌素悬浮剂1 500倍液喷湿香蕉把头及花蕾，整个花期喷2～3次，每隔7～10天喷1次，可有效防治香蕉花蓟马。

（八）褐足角胸叶甲

1. **危害特点及流行条件**　褐足角胸叶甲（*Basilepta fulvipes* Motschulsky）又称褐足角胸肖叶甲，属鞘翅目叶甲总科肖叶甲科角胸叶甲属，是一种小型甲虫。褐足角胸叶甲的食性杂，寄主包括大豆、谷子、玉米、高粱、大麻、甘草、香蕉、李、梅、苹果、梨、樱桃、菊花等多种植物，在我国各地均有分布，在不同地区危害不同作物，以成虫危害为主。褐足角胸叶甲成虫群集危害香蕉未完全展开的嫩叶和刚抽蕾的嫩果皮，成虫取食叶片正面表皮与叶肉，残留叶背表皮，形成缺刻（图5-37），被害叶片出现不规则褐色弯曲的焦黑色蛀食状，其分泌物及粪便还污染嫩叶，使嫩叶先变焦黄后变焦黑；成虫取食香蕉幼果表皮和苞片内表皮后，被害嫩果果皮上会形成不规则褐色弯曲的焦黑色蛀食状。褐足角胸叶甲在香蕉抽蕾期危害最为严重，香蕉幼果受害后，其虫斑会随着果实的膨大而增大，在果皮上形成一道道黄褐色的虫斑（图5-38），严重影响香蕉果实的外观品质，降低香蕉价值。

褐足角胸叶甲成虫体型小，雌虫略大于雄虫，卵形或近于方

图5-37　褐足角胸叶甲危害香蕉叶片　　图5-38　褐足角胸叶甲危害香蕉果实

形，体长为3～5.5毫米，体宽为2～3.2毫米。体色变异大，大致可分为6种色型：标准型、铜绿鞘型、蓝绿型、黑红胸型、红棕型和黑足型。常见铜绿鞘型和红棕型。铜绿鞘型：头、前胸、小盾片和足褐红色，触角淡黄，其端部6或7节黄褐到黑褐色，鞘翅铜绿色；红棕型：身体一色的棕红、棕黄或棕色，触角端节或多或少深褐或黑褐色。卵为长椭圆形，黄色，初产略透明光滑。幼虫共4龄，黄色，头黄褐色，中缝和背中线色浅；口器黑色；前胸盾板黄色，生有少量刚毛；中后胸两侧淡黄色；各体节背面无毛斑，但有刺毛。气孔色浅，胸足淡黄色。

褐足角胸叶甲一年发生3～4代，可以各龄幼虫在土壤中越冬，翌年3月下旬至4月上旬幼虫开始化蛹、羽化，成虫终见期一般在11月中下旬。夏秋干旱年份无灌溉条件的地区一年发生3代，夏秋多雨或有灌溉条件的地区一年发生4代。褐足角胸叶甲成虫能飞善跳，可以单个或群集飞到香蕉心叶或新蕾苞片内群集危害，具有假死性，白天晚上均能活动取食，尤以晚上活动取食较多，成虫无趋光性，喜欢在较阴暗、隐蔽的地方活动，如心叶喇叭口内和花蕾的苞片内。幼虫生活在土壤中，危害植株根部，并在土壤中化蛹羽化。10厘米土层温度在15℃时，幼虫主要在5～15厘米土层中活动；10厘米土层温度低于15℃时，幼虫会下潜到15～20厘米土层中。沙土、无喷灌条件、有杂草、不覆盖地膜的蕉地幼虫和成虫密度较大。

2.防治方法 该虫在香蕉上主要活动的部位都是药剂较难喷到的地方，防治比较难，要采取综合防控措施。

①农业防治。冬季清除蕉园的假茎枯叶、田边杂草，恶化褐足角胸叶甲越冬环境；翌年春天结合中耕除草，适时翻土，恶化幼虫和卵的栖息环境；危害严重地块，可进行灌水、地面施药（如毒土等）或覆盖薄膜，灭杀幼虫。

②人工捕杀。褐足角胸叶甲成虫喜群集于香蕉心叶和蕉果苞片内危害，可利用其假死习性收集害虫集中杀死。

③药剂防治。一定要掌握好喷药的时期，并且最好能做到联

防，几块相连的地块同时喷药，这样防治效果好。要求尽可能在香蕉未抽蕾前降低虫口密度，一经发现有危害就全园喷药。重点喷药的部位是幼嫩的心叶及果蕾。香蕉现蕾初期，用1.8%阿维菌素2 000倍液＋18%杀虫双300倍液等喷香蕉嫩叶和蕉蕾，可以有效降低香蕉褐足角胸叶甲对香蕉果实的危害；在成虫盛发期，可选用48%乐斯本乳油1 000倍液均匀喷洒香蕉叶、秆和蕉园地面，每隔7天喷1次，抽蕾期间要隔5天喷1次药，或者用5%毒死蜱颗粒剂按每株15克的量投放入心叶内连同吸芽苗的心叶内。为避免害虫产生抗性，要轮换使用药剂防治。

四、香蕉病虫害防控新技术

（一）"五位一体"香蕉枯萎病绿色综合防控技术

本项技术由国家香蕉产业技术体系、中国热带农业科学院热带生物技术研究所、海口实验站提供。

1.技术概况　香蕉枯萎病是香蕉生产上的一种毁灭性病害。引致该病的病原菌为一种土壤真菌（尖孢镰刀菌古巴专化型：*Fusarium oxysporum* f. sp. *cubense*），该病原菌有4个生理小种。其中4号小种（FOC.4）感染几乎所有的香蕉种类，其毁灭性最大，因其能在土壤中长期存活20年以上，且目前尚无有效的化学药剂和高抗或免疫品种，因此防控难度极大。通过十余年的联合攻关，国家香蕉产业技术体系专家在香蕉枯萎病综合防控取得重要进展。集成抗病新品种、病原菌快速检测、微生物菌肥研发及配套栽培技术等新品种、新技术和新产品，形成了以"蕉园土壤病原菌含量快速检测为指导、土壤调理培肥为基础、抗（耐）病品种选育应用为核心、有益微生物添加为补充、少耕免耕栽培为配套的'五位一体'香蕉枯萎病综合防控技术体系"（图5-38）。该技术体系，可使重病区（发病率50%以上）枯萎病发生率降低至10%以下，中度和轻度感病区（发病率50%以下）枯萎病发生率降低至

5%以下。实现了香蕉枯萎病"有病无害""可防可控"。

2.技术要点

①蕉园土壤理化性质和病原菌含量快速检测。在种植前，采用多点随机采样法采集蕉园耕作层的土壤（10 ～ 20厘米土层），尽量多点取样（大于10个点）尽量增加微生物测定的准确性。新鲜土壤样品立即进行尖孢镰刀菌含量测定，一部分常温风干后用于测定理化性质（pH、氮、磷、钾、有机质以及部分微量元素），根据土壤尖孢镰刀菌的含量以及土壤理化性状的综合分析，推荐相应的香蕉种植管理模式（表5-2）。

表5-2　不同土壤病原菌数量和发病率推荐种植模式

尖孢镰刀菌 （CFU/克土）	枯萎病 发病率（%）	推荐种植
0 ～ 1 500	低于5	可种植非抗病品种，配合土壤改良等措施
1 500 ～ 2 500	5 ～ 10	建议种植抗病品种
2 500 ～ 3 500	10 ～ 20	抗病品种＋土壤改良措施
3 500 ～ 5 000	20 ～ 50	抗病品种＋综合防控措施
大于5 000	大于50	建议轮作其他作物

②土壤调理培肥。根据土壤理化性质和尖孢镰刀菌含量，确定后续的综合防控技术方案，包括土壤调理措施、抗（耐）病品种等。其中土壤调理培肥，主要是根据土壤情况进行土壤改良，包括：施用碱性肥料调节土壤pH、增施有机肥增加有机质含量、土壤消毒处理降低土壤病原菌基数等方法。

③抗（耐）病品种选择。目前栽培上可以用的抗耐病品种主要有：宝岛蕉、南天黄、桂蕉9号、中热2号、中蕉系列品种以及粉杂1号、佳丽蕉等特色香蕉品种。需要注意的是，在选择抗病品种的同时要根据品种选择适宜的栽培管理和采后处理技术。

④添加有益微生物。国内外研究团队已筛选获得大量抑菌效

果良好的拮抗菌株，以拮抗菌为基础，研究人员研发了一系列的生物菌肥和生物菌剂用于香蕉枯萎病的防治。通过将发酵的拮抗菌添加到有机肥中制成的生物有机菌肥，可在香蕉栽种前直接施用于土壤，或在香蕉生长季节通过追肥的方式施用于田间，是目前应用最广、效果较为显著的一种防控方法。值得注意的是，国家香蕉产业技术体系团队通过多种香蕉枯萎病拮抗菌的复配研发的复合微生物液体菌肥，已在生产上大面积应用，取得了良好的防控效果。

⑤少耕免耕栽培技术。该技术的核心是首先尽量少动土，不要深耕土壤以免造成伤根，减少病原菌的侵染机会。其次，可以在香蕉的行间进行套种，如套种冬瓜等经济作物，还可以进行覆草栽培，其目的是维持蕉园土壤微生物生态区系的多样性。为了达到少耕免耕少伤根的目的，在蕉园建设时候还要重视排灌设施、水肥系统的建设，水肥一体化精确管理，蕉园易灌易排不积水，土壤疏松透气，促进根系生长。

（二）粉蕉实用控病栽培技术

本项技术由国家香蕉产业技术体系、广西壮族自治区农业科学院生物技术研究所提供。

1.技术概况 通过提早抽蕾、20叶以上大叶龄种苗、深松浅种、施足基肥、增施钾肥、不伤根追肥、预防根部病虫害、反复割芽留茎以及覆盖农膜等综合技术的集成应用，可以控制枯萎病FOC.1发病率在5%以下，从而实现粉蕉高产、高效栽培。

2.技术要点

①栽培大叶龄营养杯苗，栽培20叶以上大叶龄种苗。

②深松浅种。无论是在水田或坡地种植，都要深松，并起畦种植，浅种浅栽，并开好深排水沟，迅速及时排水，不积水。

③施足基肥：2月趁土壤墒情良好时施基肥，每株按9千克商品有机肥（鸡粪）＋1千克45%复合肥的用量，少用化肥，以腐熟的农家肥、麸肥或生物有机肥为主，中后期以农家肥、麸肥为主。

④增施钾肥。香蕉是嗜钾作物，中前期可施少量化肥，肥料种类以磷、钾肥为主。

⑤不伤根追肥。施用化肥不宜沟施、穴施，易伤根断根，增加感染黄叶病机会，提倡撒施、淋施或滴灌施肥。整个生育期不进行地面耕作和人工辅助灌溉。

⑥预防根部病虫害。根线虫侵入粉蕉根系，易把镰刀菌带入根系内，导致感病。特别是在沙性土、前茬是木薯地，连作香蕉多年的地块线虫发生严重。要求在种植时和营养生长中前期药剂毒杀2～3次，可使用阿维菌素颗粒拌土或乳油制剂灌根。

⑦反复割芽留茎。头路芽即选择方位基本一致的剑叶芽作宿根母株培养，长出4～5叶留茎10～15厘米第1次割除。之后每长出4～5叶割1次，连割4次，最后1次留茎20～30厘米高，累计割除约18片叶。第2、3路所有芽留茎10厘米及时割除。

⑧覆盖农膜。基肥拌匀撒施起畦并贴地覆盖200厘米宽农膜，增强防旱护根效果。

⑨提早抽蕾。在苗期株高为0.5～1.0米时，每株淋施2.0～3.0克多效唑（25%有效成分），比对照提前30～45天抽蕾，生育期缩短，收获期提前，降低生产成本300～600元/亩。收获时，在果实及土壤中未检出多效唑残留。

（三）香蕉细菌性软腐病的综合防控技术

本项技术由国家香蕉产业技术体系、华南农业大学提供。

1.技术概况　香蕉细菌性软腐病是香蕉生产上的一种毁灭性病害，近年来在部分地块发病率可高达100%，发病植株会迅速腐烂枯死，完全绝收（图5-39）。该病由一种植物病原细菌（*Dickeya zeae*）引致，在蕉类植物上，所有的粉蕉类型（如广粉1号、金粉）都高度感病，而香蕉类（农科1号、大蕉、巴西蕉和威廉斯B6）相对较为耐病，皇帝蕉较为抗病。该病主要通过带菌种苗和种苗基质传播至新植蕉区和地块，特别是发病区（疫区）销售的带土杯苗是现今病害传播的一个主要途径。在种植田间，病菌主

图5-39　香蕉细菌性软腐病症状

要通过灌溉水和流水传播，经伤口侵入根系和球茎，因此凡易导致植株根系和球茎损伤的农事操作、以及地下害虫多、线虫多的田间病害发生重。因此，该病的防控核心是防控病害的传入、加强栽培管理和及时用药防控。

2.技术要点

①由于种苗及其种苗基质可以携带病菌，因此实行检疫、利用无土栽培方法培育无病二级种苗是阻止病菌远距离传播的关键。特别是发病区销售的香蕉二级杯苗要慎用。

②前一年发病重地块，要实行一年以上轮作或种植抗病性较强的香蕉品种，以减轻、甚至避免该病害造成的危害。

③该菌可以通过土壤、灌溉水传播，因此必须深沟高垄种植，最好实行滴灌或喷灌，防止漫灌。

④该菌在田间主要通过植株的伤口侵入植株，因此要采取有效措施防控田间地下害虫和根结线虫；在夏季植苗时防止植株球茎日灼；尽量减少田间农事操作，以较少伤根。

⑤该菌为弱寄生菌，合理平衡施肥，增施有机肥，从而提高植株抗病性是延迟该病发生和危害的一个重要措施。

⑥初期发现病株要及时挖出销毁，不要留在田间地头，并对

病穴施药杀菌。

　　⑦田间出现中心病株后，要及时使用药剂防治。较为有效的药剂主要包括抗生素类和铜制剂类农药，如春雷-王铜、噻菌铜、水合霉素等。除喷雾外，还需要灌根。值得注意的是，铜制剂易在香蕉上产生药害，因此需要注意铜制剂类农药的使用浓度不要太高，要严格按使用说明书执行。

　　（四）防控香蕉枯萎病的轮作技术

　　本项技术由国家香蕉产业技术体系、华南农业大学提供。

　　1.技术概况　香蕉枯萎病是香蕉生产上的一种毁灭性土传真菌病害，其病原可在香蕉种植地土壤中成活几十年，并随着香蕉的长年连作，其病原菌在土壤中的含量会逐年累积到非常高的水平，从而使该地块不能再种植香蕉（图5-40）。该病可通过雨水、灌溉水、种苗和土壤等传播，且至今尚无有效的化学农药和高度抗病的香蕉品种，因而其防控难度极大。对于种植感病品种（如巴西蕉、广粉1号）发病率达30%以上的蕉园，表明蕉园土壤中已积累了大量的枯萎病菌。而采用轮作技术，能够有效减少土壤中的枯萎病菌，从而使得在枯萎病发生重病区和发生地块，恢复香

图5-40　香蕉枯萎病症状

蕉的种植，具有十分理想的防治效果。

2.技术要点

①对于枯萎病发生的重病区或重病地块，依据当地种植作物种类和习惯，可选择合适的水生作物（如水稻、莲藕、芋头等）种植3年以上。这样可有效杀灭或减少枯萎病菌含量，从而减少或杜绝今后该地香蕉枯萎病的发生。

②限于当地条件等不能种植水生作物的地方，可实行旱地作物轮作。旱地作物首选种植韭菜、大蒜和葱类，一般种植3年后再种植香蕉，可使香蕉种植当年的病害发生率控制在1%以下；其次为甘蔗、番木瓜、生姜、玉米等，这些作物能改善土壤结构和肥力，克服香蕉连作障碍，并显著改变土壤中的微生物群落种类和种群数量，从而产生不利于枯萎病菌生长和繁殖的土壤生态环境。但这些作物轮作年限通常需要3年以上。特别是枯萎病发生较为严重的蕉园，可能需要适当延长旱作作物的种植时间，这样才能达到较好效果。

（五）香蕉叶斑病防治技术

本项技术由国家香蕉产业技术体系、中国热带农业科学院环境与植物保护研究所提供。

1.技术概况　叶斑病是黄叶斑病、黑叶斑病、灰纹病、煤纹病的统称。该病靠风雨传播，是最主要的叶片病害，高温高湿环境下容易发病。感病后叶片局部或全部枯死，病斑转为灰白色（图5-41）。叶斑病防治主要措施是施用足量生物有机肥，注意施肥过程中的氮磷钾平衡，搞好田间卫生，并配合药剂防治。

图5-41　香蕉叶斑病症状

2.技术要点　定植时每株施用2.5千克生物有机肥，全周期每株施用不少于5千克生物有机肥；氮磷钾比例按1 ： 0.5 ： 2.5为宜；搞好田间卫生，及时清理病叶、枯叶。高温多雨季节要用70％甲基硫菌灵600倍液、大生M-45等药剂进行全园预防；当老叶上出现少量病斑时，应立即对整个蕉园喷药保护，并保持15天喷药1次。可用25％赛纳松乳油800 ～ 1 000倍液，25％富力库水乳剂1 500倍液，12.5％腈菌唑1 500倍液、24％应得1 200倍液等交替使用。

（六）香蕉根结线虫综合防治技术

本项技术由国家香蕉产业技术体系、中国热带农业科学院环境与植物保护研究所提供。

1.技术概况　我国目前的香蕉主产区，连作种植方式较普遍，导致蕉园线虫数量逐年增加，危害逐年加重（图5-42），组培苗在穴苗或杯苗期被线虫侵染也是造成线虫病发生和扩散的主要原因。线虫病防治主要以防为主，通过增施有机肥提高植株抗性，并在种植前进行土壤处理，减少线虫数量，可以有效降低发病率。

图5-42　香蕉根结线虫危害症状

2.技术要点

①试管苗或者瓶苗移植到苗盘、苗杯中的基质必须经过熏蒸杀线剂或热处理，最好使用无土基质育苗。

②定植前进行土壤消毒并在植穴施入15％毒死蜱颗粒剂，每穴30克与穴土混匀后。

③增施有机肥改良土壤，促进根系发达，提高对线虫的抵抗能力。植株发病后可用40％辛硫磷600倍液＋1.8％阿维菌素乳油2 000倍液灌根。

（七）利用聚集信息素诱杀香蕉根茎象甲

本项技术由国家香蕉产业技术体系、中国热带农业科学院环境与植物保护研究所提供。

1.技术概况 香蕉象甲是香蕉的重要害虫之一，在南亚、东南亚、东亚地区均有分布，我国海南、广东、广西、云南、贵州、福建等省（自治区）均有发生。一般危害率达5%～20%，严重时可达80%以上，可导致香蕉减产10%～15%，是影响香蕉生产健康发展的重要因素之一。香蕉象甲是钻蛀性害虫，以成虫和幼虫危害，蛀道纵横交错，易导致植株折断。由于象甲危害具有较强的隐蔽性，田间防治存在较大的盲目性，通常的药剂防治容易造成药剂成本增加和环境污染，而且难以达到预想效果。因此，采用安全高效新型防控技术来控制香蕉象甲的发生与危害，是亟待解决的重要技术。在香蕉病虫害岗位专家谢艺贤研究员的带领下，香蕉虫害团队成员开展了利用香蕉象甲聚集信息素来诱杀香蕉根茎象甲的研究工作。通过2年来在海南省儋州和临高蕉园布置试验点进行研究的结果，表明香蕉象甲聚集信息素对香蕉根茎象甲具有强烈的引诱效果，可以满足对香蕉根茎象甲进行监测和防治的需要（图5-43）。利用聚集信息素来诱杀香蕉根茎象甲技术产生的效益主要表现在提高香蕉象甲监测水平，减少农药使用量，保护环境不受污染和等方面。利用该项技术，1亩地设置1个诱捕器，就可有效地监测到蕉园香蕉象甲的种群动态，1亩地设置

图5-43 信息素诱杀装置

3～4个诱捕器，就可达到防治的效果，长期进行诱捕后，可基本实现全部种群诱杀。经济效益主要表现在减少防治香蕉象甲的农药成本、人工成本，同时还可减少作物产量损失，提高作物产品

质量带来的效益。

2.技术要点

可从生物学特征、香蕉象甲虫生境因子监测、信息素监测三个方面入手。

①香蕉象甲虫生物学特征的监测。包括香蕉象甲虫优势种种类，取食习性，生活习性。从而掌握香蕉象甲虫的消长规律、空间分布。

②香蕉象甲虫生境因子监测。包括地形、土壤温度、水分、pH、香蕉行间距、蔗田植物种类。

③信息素监测。包括诱芯、诱捕器。从而掌握田间施用最佳诱芯、诱捕器放置的最佳面积。

通过上述三方面的监测，形成监测效果评价，找到最佳监测方法，最终形成一套完整、科学的香蕉象甲监测系统。

（八）香蕉花蕾注射施药防治黄胸蓟马应用技术

本项技术由国家香蕉产业技术体系、中国热带农业科学院环境与植物保护研究所提供。

1.技术概述　黄胸蓟马是香蕉花蕾期的重大害虫，近年在海南猖獗危害，并向全国各香蕉产区扩散蔓延，严重制约着我国香蕉产业的健康发展。该虫主要以雌成虫在香蕉花瓣中产卵危害，后期果皮呈现凸起的黑点，影响香蕉果实外观品质。一旦香蕉抽蕾，黄胸蓟马便由外界迁移到香蕉花蕾内聚集危害，短时期内蓟马的数量迅速暴增（图5-44）。因香蕉蓟马隐匿性与暴发性强的特点，研究人员提出其"提前防治"的基本理念。通过采用香蕉花蕾注射施药技术，让香蕉花蕾在蓟马迁入前就让花蕾带有药物活性成分，从而有效解决该虫防治难的瓶颈，可实现该虫的高效、精准与安全控制。

2.技术要点

①寻找蕾包。香蕉抽蕾时，连续2天全园寻找现蕾蕉树，并以红绳标记蕉树，便于后期注射施药时寻找。

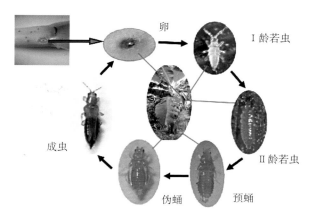

图5-44　香蕉花蓟马生活史

②药物选配。第3天时须选用吡虫啉＋螺虫乙酯，或吡虫啉＋敌敌畏，或吡虫啉＋阿维菌素，吡虫啉＋甲维盐等稀释至1 500～2 000倍药液。

③专业注射施药。第3天时利用专业注射器对红绳标记的香蕉花蕾进行施药（图5-45）。注射位置：蕾包尖以下5～10厘米。注射药量：持续注射10秒约30～50毫升药液。注射次数：1次/株。施药间隔期：3天/蕉园。

注意事项：注射位置不可再往下，以免扎伤果指；药液浓度切勿太高或太低；吡虫啉不可随意替代；阴雨天按时注射施药。

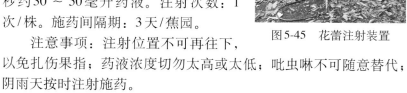

图5-45　花蕾注射装置

附 录　海南香蕉栽培周年工作历

月份	生长情况	工作内容	病虫防治
1	春蕉抽蕾挂果，生长停止	新植备耕，冬植，果穗管理，防寒，施过冬肥，收获，排灌，挖病株	象甲
2	春蕉抽蕾挂果，生长缓慢恢复	新植备耕，冬春植，果穗管理，防寒，施过冬肥，松土，收获，排灌	象甲
3	春蕉抽蕾挂果，生长恢复	新植备耕，春植，果穗管理，防寒，施回暖肥，松土，收获，清园，排灌	象甲、叶斑病、黑星病、蚜虫、花蓟马
4	春蕉挂果，生长恢复	春植，补苗，果穗管理，防寒，施追肥，松土，收获，清园，排灌	叶斑病、黑星病、蚜虫、花蓟马、斜纹夜蛾、地下害虫
5	新植生长迅速，夏植抽蕾	果穗管理，防寒，施追肥，松土，收获，排灌，挖沟，培土，除草，防风，留除芽，挖除病株	叶斑病、黑星病、蚜虫、卷叶虫、花蓟马、斜纹夜蛾、地下害虫
6	生长旺盛，夏植抽蕾	夏植，补苗，果穗管理，施追肥，松土，收获，排灌，挖沟，培土，除草，留除芽，防风	叶斑病、黑星病、蚜虫、卷叶虫、花蓟马、斜纹夜蛾、地下害虫
7	生长旺盛，秋植抽蕾	夏秋植，补苗，果穗管理，施追肥，收获，排灌，除草，防风，留除芽，清园	叶斑病、黑星病、蚜虫、卷叶虫、花蓟马、斜纹夜蛾、炭疽病、冠腐病
8	生长旺盛，冬植抽蕾	秋植，补苗，果穗管理，施追肥，收获，排灌，挖沟，培土，除草，留除芽，防风	叶斑病、黑星病、蚜虫、卷叶虫、花蓟马、炭疽病、冠腐病

月份	生长情况	工作内容	病虫防治
9	生长旺盛，冬春植抽蕾	秋植，补苗，果穗管理，施追肥，收获，排灌，挖沟，培土，除草，除芽，防风	叶斑病、黑星病、蚜虫、卷叶虫、花蓟马、炭疽病、冠腐病
10	生长缓慢，春植抽蕾	秋植，补苗，果穗管理，施追肥，松土，收获，排灌	叶斑病、黑星病、蚜虫、卷叶虫、花蓟马、炭疽病、冠腐病
11	生长缓慢，春夏植抽蕾	冬植，果穗管理，施追肥，松土，收获，排灌，挖病株	叶斑病、黑星病、蚜虫、花蓟马、卷叶虫
12	生长近停滞，春夏植抽蕾	冬植，补苗，果穗管理，施基肥，松土，收获，排灌，挖病株	象甲

注：书中所提供的农药、化肥施用浓度和使用量，会因作物种类和品种、生长时期以及产地生态环境条件的差异而有一定的变化，故仅供参考。实际应用以所购产品使用说明书为准，或咨询当地农业技术服务部门。

参 考 文 献

樊小林,2007. 香蕉营养与施肥 [M]. 北京:中国农业出版社.

郭予元,2015. 中国农作物病虫害(第三版)(下册)[M]. 北京:中国农业出版社.

井涛,2016. 香蕉栽培技术 [M]. 北京:中国农业出版社.

柯佑鹏,2018. 世界香蕉贸易格局变化对中国香蕉市场的影响研究 [M]. 北京: 经济科学出版社.

魏守兴,2008. 香蕉周年生产技术 [M]. 北京:中国农业出版社.

谢江辉,2019. "一带一路"热带国家香蕉共享品种与技术 [M]. 北京:中国农业科学技术出版社.

谢江辉,2019. 新中国果树科学研究70年—香蕉 [J]. 果树学报,36 (10):1429-1440.

俞艳春,2010. 香蕉栽培新技术 [M]. 昆明:云南科技出版社.

张锡炎,2011. 香蕉标准园生产技术 [M]. 北京:中国农业出版社.

Robinson J C, 2010. Bananas and plantains: Second edition[M]. Oxford University Press.

图书在版编目（CIP）数据

香蕉栽培与病虫害防治彩色图说/井涛，谢江辉，周登博主编. —北京：中国农业出版社，2022.10
（热带果树高效生产技术丛书）
ISBN 978-7-109-30050-7

Ⅰ.①香… Ⅱ.①井…②谢…③周… Ⅲ.①香蕉-果树园艺-图解②香蕉-病虫害防治-图解 Ⅳ.①S668.1-64②S436.68-64

中国版本图书馆CIP数据核字（2022）第175298号

中国农业出版社出版
地址：北京市朝阳区麦子店街18号楼
邮编：100125
责任编辑：丁瑞华 黄 宇
版式设计：杜 然 责任校对：刘丽香 责任印制：王 宏
印刷：北京缤索印刷有限公司
版次：2022年10月第1版
印次：2022年10月北京第1次印刷
发行：新华书店北京发行所
开本：880mm×1230mm 1/32
印张：7.25
字数：210千字
定价：62.00元